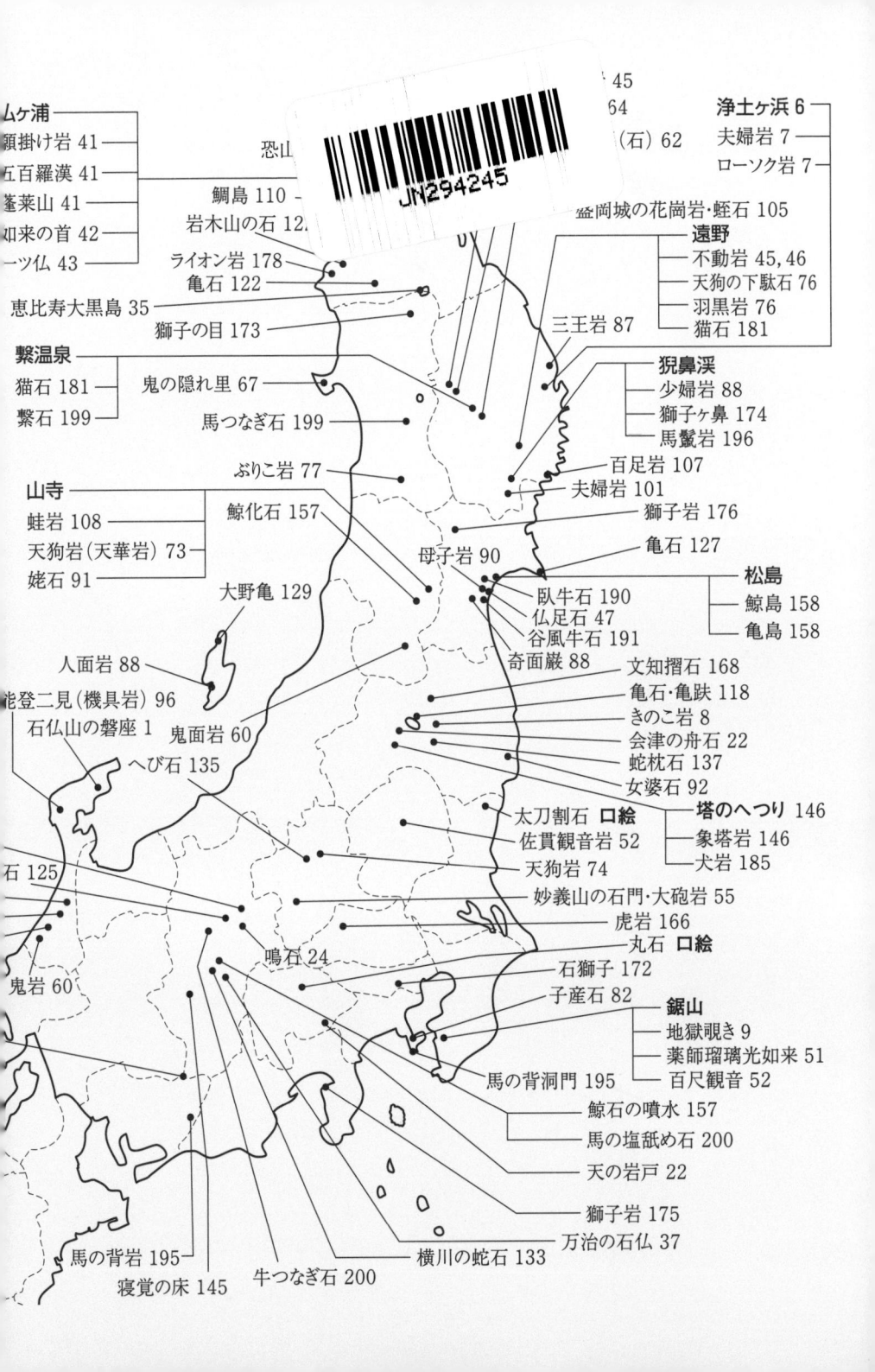

```
ムケ浦                                                                        45           浄土ヶ浜 6
├ 頭掛け岩 41                                                                 64          ├ 夫婦岩 7
├ 五百羅漢 41            恐山                                              (石) 62         └ ローソク岩 7
├ 蓬莱山 41            鯛島 110                                         盛岡城の花崗岩・蛭石 105
├ 如来の首 42        岩木山の石 12                                                遠野
└ 一ツ仏 43         ライオン岩 178                                                ├ 不動岩 45, 46
   恵比寿大黒島 35      亀石 122                                                  ├ 天狗の下駄石 76
                     獅子の目 173                        三王岩 87                ├ 羽黒岩 76
 繋温泉                                                                           └ 猫石 181
 ├ 猫石 181          鬼の隠れ里 67                                            猊鼻渓
 └ 繋石 199                                                                   ├ 少婦岩 88
                     馬つなぎ石 199                                           ├ 獅子ヶ鼻 174
 山寺                                                                         └ 馬鬣岩 196
 ├ 蛙岩 108           ぶりこ岩 77                         百足岩 107
 ├ 天狗岩(天華岩) 73   鯨化石 157                          夫婦岩 101
 └ 姥石 91                                              獅子岩 176
                     大野亀 129                         母子岩 90           亀石 127
                                                                              松島
    人面岩 88                                          臥牛石 190             ├ 鯨島 158
  能登二見(機具岩) 96                                    仏足石 47             └ 亀島 158
  石仏山の磐座 1      鬼面岩 60                         谷風牛石 191
                     へび石 135                         奇面巌 88            文知摺石 168
                                                                         亀石・亀跌 118
                                                                         きのこ岩 8
                                                                         会津の舟石 22
                                                                         蛇枕石 137
                                                                         女婆石 92
                                                      太刀割石 口絵        塔のへつり 146
                                                      佐貫観音岩 52        ├ 象塔岩 146
 石 125                                               天狗岩 74            └ 犬岩 185
                                                妙義山の石門・大砲岩 55
                                                         虎岩 166
                     鳴石 24                                              丸石 口絵
 鬼岩 60                                               石獅子 172
                                                      子産石 82             鋸山
                                                                           ├ 地獄覗き 9
                                                                           ├ 薬師瑠璃光如来 51
                                                馬の背洞門 195              └ 百尺観音 52
                                                         鯨石の噴水 157
                                                         馬の塩舐め石 200
                                                         天の岩戸 22
                                                         獅子岩 175
  馬の背岩 195                                   横川の蛇石 133    万治の石仏 37
  寝覚の床 145       牛つなぎ石 200
```

日本石紀行

加藤碵一　須田郡司

みみずく舎

女郎子岩 (北海道積丹町)

積丹半島北端積丹岬から東の海中にある新第三紀鮮新世〜更新世の安山岩質火山噴出物の凝灰角礫岩からなる奇岩のひとつ．高さ約50mで乙女の立姿に似るという．文治5 (1189) 年，奥州衣川で死んだはずの源義経が，実は脱出して蝦夷に逃げたとする，いわゆる「義経北行伝説」にちなむ岩である．積丹岬にある入舸港に上陸して，この地の首長の娘シララと恋仲になったが，やがて義経一行は別れも告げずに去ってしまったという．シララは悲しみのあまり投身自殺をし，彼女の化身がこの「女郎子岩」になったという．

🚗 積丹町役場より車で25分，国道913号線脇の山道入口から徒歩20分

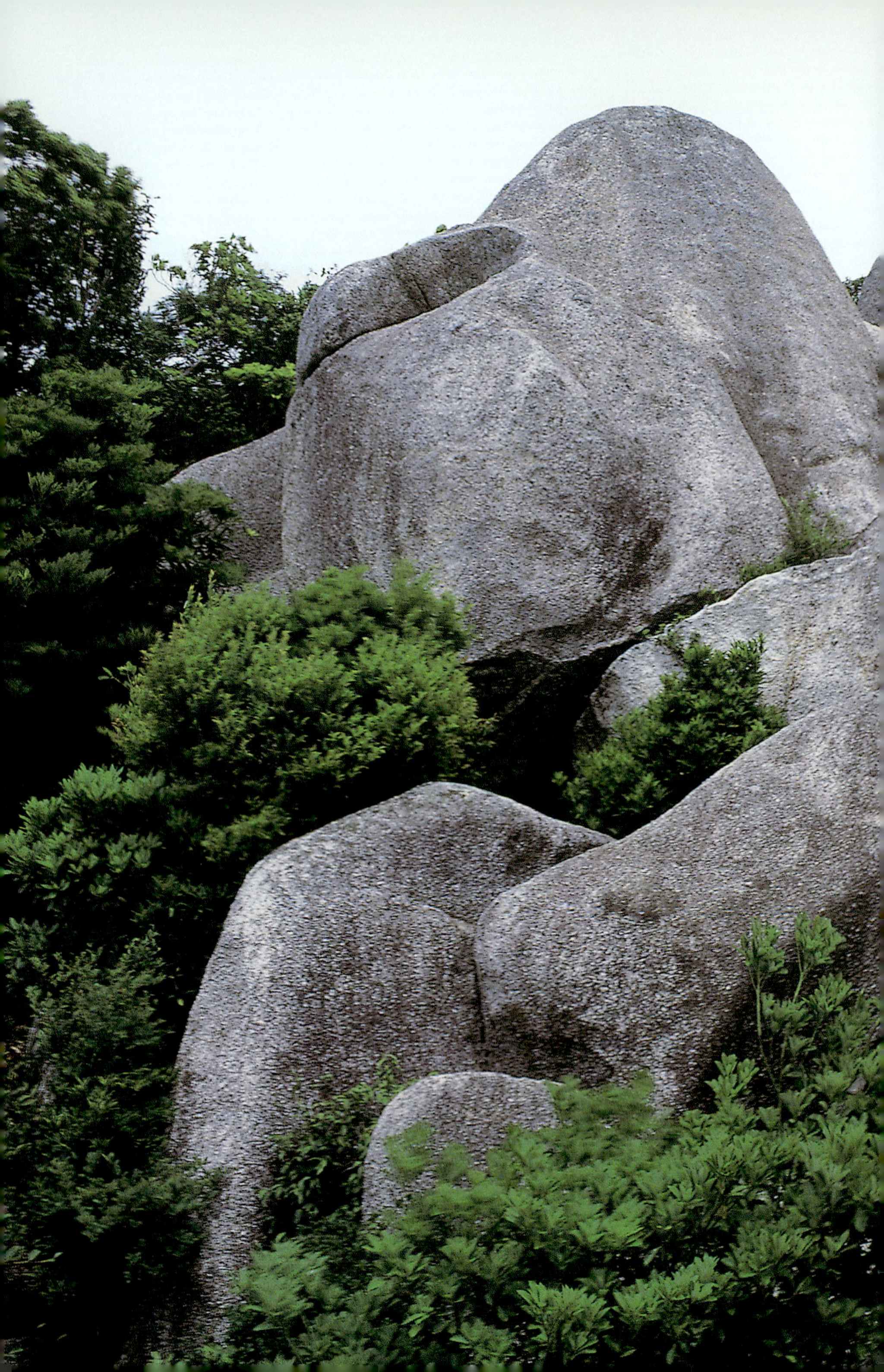

唐人石（高知県土佐清水市）足摺半島の標高200mほどの丘陵部に唐人石と呼ばれる，高さ7〜8mほどの巨石がまるでパズルのように積み重なった巨石群がある．近くには，縄文時代の「唐人駄馬遺跡」があり，黒潮に乗って南方からやって来た古代人が最初にたどり着いた場所だといわれる．唐人とは異人，駄馬とは平らな土地という意味である．唐人駄馬公園には，かつて大きな環状列石があったが，公園の工事で破壊されている．岩石は新生代新第三紀中新世（ここでは1300万年前）のカリウムに富んだ花崗岩類である．
🚗土佐清水市役所から車で約20分．

生名島の立石（愛媛県上島町）

生名島にある立石（メンヒル）は，神霊の宿る石神として，弥生時代の人々の信仰の対象であったといわれる．高さは約5m，周囲は約20m．大人（おおひと）が島をまたいだときに懐から落ちたという昔話がある．立石を麓に抱く立石山（標高138m）は，観音山とも呼ばれ，安産祈願の信仰を集めている．立石の横には弁天を祀っている．地質学的には，中生代白亜紀後期の花崗岩類を主とする岩石である．

🚢因島からフェリーで3分．立石港から徒歩約10分

丸石（山梨県山梨市）
山梨市は，丸い石を道祖神として祀る丸石信仰が盛んで，道祖神だけでも700か所以上ある．とくに十日市場に多く見られ，道祖神以外にも，屋敷神，石尊，稲荷など，実にさまざまな場所で丸石は信仰されている．いわゆる巨円礫で，塩基性の火成岩起源であるが，岩質はさまざまである．
山梨市役所から車で約15分

太刀割石

太刀割石（茨城県日立市）

日立市の北西，阿武隈山地の旧十王町にある竪破山（たつわれさん）は標高658mの山で，その山中にある奇岩が太刀割石だ．かつては山岳仏教の霊場として信仰を集めた場所で，山頂近くに黒前（くろさき）神社がある．神社の由緒書きによると，この石は，永保3（1083）年（異説では寛治元（1080）年），八幡太郎義家が奥州遠征の時，戦勝祈願で竪破山に立寄り，野営のとき夢の中で神人から金剛の太刀を授かる．夢から覚めた義家が大太刀を一振りすると巨石が真っ二つに割れたとされる．直径7m，周囲20mの巨石で，太刀割石の名は1650年頃ここを巡歴した徳川光圀（水戸黄門）がつけたといわれる．断面は節理面であろう．日立や周辺地域には，各種の先第三紀の深成岩や変成岩が複雑に分布するが，その形成については見解がわかれる．

🚗 常磐自動車道日立北ICから県道10号日立いわき線へ，県道60号十王里美線で竪破山登山口より約30分

烏帽子石（佐賀県佐賀市）
佐賀市の旧大和町の発案で造られた肥前大和巨石パークの中にある烏帽子に似た巨石。巨石パークは，山全体が公園になっていて多くの巨石が点在している。この中には，肥前一宮の与止日女（よどひめ）神社のご神体である磐座があるといわれている。岩石は，中生代後期白亜紀の花崗岩〜花崗閃緑岩である。
🚗 佐賀大和ICから約5分，道の駅大和近くの肥前大和巨石パーク駐車場から徒歩約30分。

まえがき

　地球の年齢は約 46 億年といわれていますが，その長い歴史をもつ地球の一部をなすわが日本列島は，古事記によれば天地開闢以来，混沌状態が続く中，天上界の神々がイザナギ・イザナミ 2 神に「この漂へる國を修め理り固め成せ」と命じたことに始まります．そこで，2 神は天上界と下界を結ぶ天の浮橋に立ち，矛で海を掻き回してから引き上げたところ，先端から滴り落ちる海水から「おのごろ島」が誕生したといいます．つまり，このとき神話的には地球最初の堆積岩が形成されたわけです（後述するように現在では既に変成していますし，地質学的には火成岩が地球最初の岩石です）．この「おのごろ島」は，淡路島北方の絵島だとか，南方の沼島だとか紀淡海峡（友ヶ島水道）の沖ノ島だとか諸説あります．さらに，写真のように「おのころ島」（ここでは Onokorojima）のいわばミニチュアが，宮崎県高千穂神社境内の池中にあります．いずれも伝説の真偽を問うのは野暮というものです．

　その後，2 神による国生みが本格的に始まり，穂の狭別島（淡路島），伊予の二名島（四国島），隠岐の 3 つ子の島（隠岐島），筑紫の島（九州島），伊伎の島（壱岐島），津島（対馬島），佐渡の島（佐渡島），大和の島（本州島）で合わせて「大八島（州）国」と称される日本列島およびその土台をなす岩石が形成されていったと伝えられています．ちょっと脱線しますと国民的人気の映画「フーテンの寅さん」で，しばしば主人公のタンカ売の冒頭の口上に「国の始まりは淡路島」とあるのは，これを踏まえているわけです．

　地質学的には，新生代新第三紀中新世という地質時代の始め頃（2 千数百万年前），それまで位置していたアジア（ユーラシア）大陸東縁から切り離され，日

おのころ島｜天地開闢以来，混沌状態が続く中，イザナギ・イザナミ2神が天の浮橋に立ち，玉で飾られた矛で海を掻き回してから矛を引き上げたところ，先端から滴り落ちる海水から誕生したのが「おのごろ（おのころ）島」だといわれます．宮崎県の高千穂神社の池内にある「おのころ島」のミニチュア．[K]
JR日豊本線「延岡」駅から宮崎交通バス約90分，「高千穂バスセンター」下車，徒歩15分．

本海を形成拡大しながら，東北日本は反時計回りに，西南日本は時計回りに回転移動して，太平洋側に張り出して現在の位置に達したのです．日本列島の基盤を作っている大陸性の最古の岩石は，西南日本の最も内側（日本海側）で，富山県東部〜岐阜県北部〜福井県東部から北側に位置する飛騨帯と呼ばれる地域（地質区）に分布しています．その多くは変成作用を受けていますが，源岩は20億年以上前のものです．最も新しい石は現在の火山活動による溶岩や火山屑砕岩などです．これらの形成年代も岩石学的性質も，さまざまな石たちはできたときから自然の多様な地質作用にさらされて，その形態，構造や性状を刻々と変えていきます．山脈としてまた岩塊として屹立している大規模なものから，浜辺の小石に至るごく小規模なものまで，石は身近にあふれています．

筆者らの独断からすると，日本人ほど身近に石と親しみ，石に名前をつけ，石にあれこれの歴史や思いを忖度し，種々楽しむ民族は少ないのではないでしょうか．垂直な壁のような岩塊を「屛風岩」，水平な床のような岩塊を「千畳敷」，2つの近接した大小の岩塊を「夫婦岩」などと名づけるありふれたネーミングから，一度や二度聞いても理解しがたい奇怪な名称など，全国各地にある自然が彫琢した岩塊に名をつけ季節とともに嘆賞するのみならず，ある時は畏敬の対象として崇め，歴史上の事件や登場人物をまつろわせ，また人為的にあれこれ手を変え品を変えて大小さまざまな石くれを愛でる様は，さもありなんと察するに余りあります．石の世界も，神や仏の籠もる聖なる岩から観光用途で名づけられた俗なる石まで，また多様です．

　石の語る声なき声に耳を澄ませ，わが国の豊かな自然が育んだ石の世界をご一緒に探訪しませんか．本書の構成は常世から現世へ，聖なる石から俗なる石へ，神や仏にちなむ石から人の営みに関わる石へ，さらに動物と関わる石へと順を追っていきます．もちろん厳密なものではなくその地域に関わって脱線する部分もありますが，ご寛恕ください．なお，地名は最近の町村合併で変わってしまったところも多々ありますが，石（とくに石材）にはその地名を用いて称することも多いのであえて旧名を使っている場合もあります．また，写真撮影提供者は，須田郡司（S），加藤碵一（K），遠藤祐二（E），伊藤順一（I），中野啓二（N），吉川敏之（Y）です．

　さて，石を理解するのには，ある程度の地質学的知識があるほうがより楽しめるのではないかと思います．とはいってももちろん本格的知見は不要ですし，それがなくても十分楽しめます．本書の記述でもなるべく専門用語は避けて平易に述べたつもりですが，地質の時代，岩石・鉱物名などやその背景を表現するのに最低限の術語を使わざるをえない部分がありました．そこで，付録として地質年代区分の表，日本列島とそれを取り巻く地域の簡単な地質構造の図，岩石の分類表（火成岩はやや詳しい分類表）や用語集をご参考までに載せてあります．適宜お使いください．

本書の刊行に当たっては幾重ものめぐり合わせがありました．筆者の一人加藤は，地質の研究者として長年日本各地を調査研究に訪れ，専門の業務のかたわら石の俗称について趣味の巡業を続けました．その過程で知り合ったもう一人の著者須田は写真家ですが，やはり石に魅せられてここ数年車を駆って全国を精力的に石巡業しており，一段落ついたこのとき，旧知の出版社編集者である和泉浩二郎氏とめぐりあい，このたびの刊行となった次第です．数え切れない方々のご支援をいただきましたが，紙数の関係で列挙することもままならず，この場で厚く深く謝意を表する次第です．

　それではさっそく．

2008年8月

加 藤 碵 一

目　次

第1章　常世から現世へ石と道連れ　1
　　　　あの世とこの世を繋ぐ磐座　2
　　　　この世の極楽浄土を語る　5
　　　　この世の地獄を語る　8

第2章　神宿り，神籠もるところ　13
　　　　「八百万の神」にちなむ石　14
　　　　「七福神」にちなむ石　30

第3章　ありがたき仏のおわすところ　37
　　　　石の仏と仏の石　38
　　　　奇岩織りなす仏ヶ浦　40
　　　　「十三仏」にちなむ石　43

第4章　恐れ戦く怪力乱神　55
　　　　鬼にちなむ石　56
　　　　天狗にちなむ石　71

第5章　人の世の移り変わりと縁　79
　　　　誕生〜幼年期　80
　　　　青少年期　86
　　　　老年期　90
　　　　男と女——夫婦石と陰陽石　93

第6章　進化の流れに沿って　103
　　　　爬虫類以前の動物にちなむ石　104
　　　　亀にちなむ石　112
　　　　蛇にちなむ石　131

第7章　海陸の王である巨獣　141
　　　　象や駱駝にちなむ石　142
　　　　鯨にちなむ石　154

第8章　弱肉強食の猛獣の世界　159
　　　　虎にちなむ石　160
　　　　獅子にちなむ石　171

第9章　人類の良き友——ペットや家畜　179
　　　　猫や犬にちなむ石　180
　　　　牛や馬にちなむ石　186

付　　　録
　1. 地質年代区分（地球と生物の歴史）　203
　2. 日本列島の地質構造　204
　3. 岩石の分類　205
　4. 用語集　209
参 考 文 献　213
あ と が き　217
都道府県別岩石名リスト　219
索　　　引　227

第1章
常世から現世へ石と道連れ

石仏山の磐座 | 石川県鳳珠郡能登町に位置し「立石」とも呼ばれます．苔むして岩質はくわしくわかりませんが，付近に分布する新第三紀中新世前期の穴水累層に属する安山岩の溶岩からなる自然石でしょう．あたりの風景とマッチして荘厳な雰囲気が醸し出されています．[S]
能登町役場から国道249号を南西方向へ約10km．

本書の主題である石とは？　岩石とは？　岩とは？　鉱物とはなんでしょうか．じつはあまり厳密に定義することはむずかしく，日常生活でもあいまいに使われているのです．説明は巻末の用語集に譲りますが，本書に出てくる石や岩の俗称は，これらに輪をかけてあいまいなのです．「仏石」もあれば「仏岩」もあります．石の成因や大小におかまいなく，石や岩の名前をつけています．石や岩はどこにでもあり，またその硬い性質から短時間に変化しにくいので，人の目になじみやすく聖俗あわせもった性格を付与され，命名されてきたからなのです．したがって，ここでは目くじらをたてず，それらの石のいわれを楽しむことにしましょう．お付き合いください．

　まずは，ことの始まりとして常世と現世を繋ぐ神がしろしめす石（磐座）や神が籠もられる石（神籠石）の世界からまいりましょう．次に，生きている人間の身では直接行くことも見ることもできない常世の世界，つまりあの世の極楽浄土や地獄をこの世の石の世界で体験しようとした先人の石への思い入れを探ってみることにしましょう．

あの世とこの世を繋ぐ磐座

　通常は神様と人とは別の世界に住み分けているので，両者の間に何らかの接点が必要となります．その1つが「磐座」です．神社に社殿が設けられるようになったのは平安時代以降のことで，その始まりは奈良の春日大社だそうです．それまで神社には常設の社殿はなく，大木や大石の上などに必要に応じて神の降臨を願い，原始的な祀りを執り行っていました．その祭祀を挙行した場所が，一般に「磐座」または「磐境」と呼ばれています．たとえば，扉写真にある石川県鳳珠郡能登町の石仏山です．現在でも女人禁制の結界山で厳かな聖域性を感じる場

です．県の文化財報告によれば「古くよりお山と呼ばれ，祭場は山麓斜面（北斜面）に設けられ，前立・唐戸・奥立に構成される」とあり，毎年3月1日，2日にかけてお山祭の例祭が行われます．山頂には苔むした自然石の磐座（立石）があり地元の信仰を集めています．

　次は，兵庫県西宮市に位置する磐座祭祀の古代信仰を残す越木岩神社のご神体の岩です．高さ10m，周囲30mにも達します．たぶん中生代白亜紀の花崗岩質岩塊でしょう．世界に共通する巨石信仰にもつながるものでしょうか．

　和歌山県新宮市内，千穂ヶ峰の南に位置する神倉神社は熊野速玉神社の摂社にあたりますが，60mの絶壁の上に「ごとびき岩」と呼ばれる巨岩を神体岩として祀るところから，磐座信仰から発した神社ともいわれています．「ごとびき」とは，紀州の方言でガマガエルのことです．「蛙岩」については第6章を参照してください．

　これらとは別に，神が籠もる石として多くの「神籠石」が西日本を中心に各地に分布しています．本来は，「磐座」と同様，神のよりしろとされる石塊を指したのですが，それを取り巻く切石の塁状遺構も含めて呼ぶようになりました．つまり，それらの大部分は有史時代の遺跡なのです．古代山城のうち日本書紀などに記されている城を朝鮮山城と呼びます．663年の白村江の敗戦後，唐・新羅連合軍の侵攻に備えて7世紀半ばに急造されたものです．百済からの亡命者が築城を指揮監督したことや，当然のことながら朝鮮の山城に類似していたことからそう呼ばれたものです．ところが，明治～大正時代にかけてこれら以外にも史書に記述がない一群の山城があり，これらは神の籠もる石を結界した聖域であり，それゆえ神籠石式山城と呼ばれるようになりました．結果的にはこれらも古代山城に属するものだとわかりましたが，いまだに「神籠石」の名前を捨てきれず今日に至っているのです．

　たとえば，「御所ヶ谷神籠石」は，福岡県行橋市の南西端，御所ヶ谷中腹にある6～7世紀にかけて九州・中国地方に作られた朝鮮式山城の1つです．約4kmにわたって花崗岩を石垣状に積み上げています．中の門といわれる石塁は上下2段に築かれ，下段には縦横1mあまりの6カ所の水門（石樋）を突出さ

越木岩神社のご神体｜兵庫県西宮市に位置する磐座祭祀の古代信仰を残す越木岩神社のご神体の岩です。高さ10m、周囲30mに達します。たぶん中生代白亜紀の花崗岩質岩塊でしょう。[S] 👞阪急甲陽線「苦楽園口」駅から北北西1km。

ごとびき岩｜和歌山県新宮市内千穂ヶ峰の南に位置する神倉神社のご神体である巨岩で、磐座とみなされています。新第三紀中新世の熊野酸性岩類に属する花崗質岩でしょう。[S]
👞JR紀勢本線「新宮」駅から徒歩約20分。

せているりっぱなもので国指定史跡です。「女山神籠（石）」は、山門郡瀬高町の東部200mほどの丘陵上にあり、列石は長辺1.5m、短辺1m、厚さ80cmあまりで、花崗岩をはじめとする火成岩や砂礫岩からなっています。切石列は粥餅・長・源吾・産女の4つの谷にまたがり延長3kmほどで、それぞれの谷に水門があります。やはり国指定史跡です。このほか、多くの「神籠石」が国指定

の史跡となっています。たとえば，久留米市の筑後川県立自然公園や福岡県朝倉郡把木町林田，嘉穂郡穎田町の鹿毛馬，福岡県西部の佐賀県境界の背振山地北麓の背振雷山県立自然公園にある「神籠石」，久留米市の「把木神籠石」や，前原市雷山の大悲王院（雷山観音）寺域西方にある「雷山神籠石」などです．

さらに，当て字で「神籠石」を示している例も数多くあります．「向後石（立石）」（広島県賀茂郡志和町志和東），「幸後岩」（広島県豊田郡安芸津町木谷浦），「香合石」（広島県世羅郡甲山町宇津戸），「香合岩」（広島県御調郡御調町大字高尾），「神篭石」（広島県福山市松永柳津岩田山），「革篭石」（広島県佐伯郡宮島町弥山），「神篭石」（広島県賀茂郡河内町上河内），「皮篭石」（佐賀県三養基郡基山町）等々ですが，書ききれないのでこの辺でやめにしましょう．

この世の極楽浄土を語る

年頃の娘をもつ男親が嫁に出す日を思いやる心情を歌った「娘よ」の替え歌で「あの世に行く日がこなけりゃいいとお年寄りなら誰でも思う」というのがあります．先の話であってもあの世に行くのが避けられないとなれば，日頃の行いは棚に上げて，ぜひとも極楽浄土や天国へ行き後生安楽に暮らしたいと望むものです．石の世界では，現世でも極楽浄土の擬似体験が可能です．次にご紹介しましょう．

まず初めは，東北地方北部の太平洋岸に位置する陸中海岸国立公園を代表する景勝地である「浄土ヶ浜」です．

浄土ヶ浜は，岩手県盛岡駅から東に JR 山田線に乗って終点の宮古駅で下車し，舟で三途の川を渡る必要もなくバスで行けます．天和 3（1683）年，宮古の常安寺の僧侶霊鏡龍湖が発見し，「さながら浄土のようだ」といって名づけられたといいます．5 万分の 1 地質図幅「宮古」によれば，古第三紀（ここでは約 5200 万年前）の灰白色黒雲母流紋岩〜黒雲母角閃石デイサイトからなる「浄土が浜酸性火山岩（類）」が分布しています．これは，より古い中・古生代の地層および中生代白亜紀前期（ここでは約 1 億 1 千万年前）の花崗岩類を貫く岩脈

浄土ヶ浜｜岩手県宮古市鍬ヶ崎に位置し，天和3（1683）年，宮古の常安寺の僧侶霊鏡龍湖が発見し命名．新生代古第三紀（ここでは約5200万年前）の灰白色黒雲母流紋岩〜黒雲母角閃石デイサイトからなる「浄土が浜酸性火山岩（類）」が浸食を受け，奇岩を構成しています．［K］　👟JR山田線終点の「宮古」駅から徒歩40分．バスあり．

が主ですが，浄土ヶ浜では水平〜40°程度傾く流理構造を呈し，小型のラコリス（餅盤(べいばん)）状貫入岩体と推定されています．この岩体が半島状に海中に突き出し，浜は南北2つに分けられ，それぞれ大沼，小沼とも呼ばれていました．一部海中に没していますが，本来は，ほぼ円形の分布を示していたと思われます．この貫入岩体が海食によって鋸歯状に並び無情の風ならぬ海風が吹く様は，あの世を思わせる非日常的な風景を供しているのです．

　遊覧船で付近を周遊すると，このほかにもさまざまな奇勝・奇岩を見ることができます（次頁写真）．たとえば，「ローソク岩」は，浄土ヶ浜の北の大沢海岸（中生代白亜紀前期の原地山層(はらちやま)の泥岩を伴う著しく変質したデイサイト質火砕岩が分布）にある高さ約40 m，幅7 mの花崗岩質岩脈で，国の天然記念物に指定されています．遠方から眺めるとその長細い形がなんとなくローソクに見えることから名づけられました．水平方向に見事な節理（割れ目の一種）が発達しています．成因はいろいろですが，ここでは岩脈が貫入固結する際の冷却によって生じたものです．近接し仲むつまじく寄りそう感のある大小2つの岩塊が，よくある俗称の「夫婦岩」です．石の世界には「夫婦の絆」が生きています．くわしくは第5章の「男と女—夫婦石と陰陽石」（p.93〜）をぜひご参照ください．

　「人間いたる所に青山(せいざん)あり」ともいいますが，浄土も海岸地域だけでなく内陸部にもあります．福島県郡山市(こおりやま)逢瀬町に位置し，昭和33（1958）年県指定の名勝および天然記念物である「浄土松山」は，別名「浄土ヶ浜」「浄土ヶ岡」とも呼ばれ，また，白い岩石と松の緑の美しいありようから「陸の松島」「水無き

夫婦岩｜岩手県宮古市浄土ヶ浜北方の大沢海岸にある白亜紀前期の原地山層の泥岩からなる．「夫婦岩」の詳細は第5章参照．[K]　🥾 JR山田線終点の「宮古」駅から徒歩40分．バスあり．遊覧船乗船．

ローソク岩｜夫婦石と同様，大沢海岸にあり，高さ約40m，幅7mで水平方向に節理が発達した花崗岩質岩脈で，国指定の天然記念物．[K]

松島」とも称されています．承和7（840）年，芦野中丸という長者が，自然の景勝地に人工の美を加えて造園したことに始まると言い伝えられています．標高315mほどの丘陵部に位置します．江戸時代には二本松藩主丹羽氏が，春秋にここを探勝したといわれ，そのため「浄土松お成り」という言葉が残っているそうです．現在では，おちこちの老若男女の庶民が集って弁当を食したり遊んだりして，お手軽にこの世の極楽気分が味わえます．付近に分布する新生代新第三紀

浄土松公園のきのこ岩｜福島県郡山市に位置し，昭和33（1958）年県指定の名勝および天然記念物．新生代新第三紀の凝灰岩〜凝灰角礫岩の浸食地形．[K]
🚌JR東北本線「郡山」駅から西方へバスで約30分．

の堆積岩類は，本来，水平〜緩傾斜ですが，部分的に断層による変形を受け，垂直な節理に沿った浸食地形が発達しています．その典型が，写真にある「きのこ岩」です．白色の茎の部分は，浸食に弱い軽石凝灰岩で，かさの部分は粗粒凝灰岩〜凝灰角礫岩で，表面は数cmほど風化して黒く変色しています．凝灰岩は火山灰が固結してできた火山砕屑岩の一種で，栃木県の「大谷石」は石材として有名です．

この世の地獄を語る

　苦もあれば楽もあり，極楽があれば地獄もあるのは世の道理でしょう．とりあえず嫌でも地獄を覗いてみましょうか．南房総の玄関口ともいえる千葉県の有名な名勝である鋸山（のこぎりやま）です．高さはわずか300mほどですが，石材を切り出した跡がギザギザの鋸の刃状をなすことから名づけられたといわれています．鋸山全体が乾坤山日本寺の境内となっています．ここは今から約1300年前，聖武天皇の勅詔を受け，神亀2（725）年に奈良時代の高僧として知られる行基によって

地獄覗き｜千葉県鋸南市に位置する鋸山山頂部にある絶壁展望台の一部．新第三紀中新世後期の三浦層群稲子沢層の凝灰質泥岩からなる．[S]
JR内房線「保田」駅から徒歩約60分．

開かれた関東最古の勅願所という格式をもっています．平安時代初期，日本における真言宗の開祖である空海（弘法大師）もここで修行したことがあるそうです．

　この山頂部にある絶壁展望台の一部が写真の「地獄覗き」です．「怖いもの見たさ」という言葉がありますが，何が見えるのでしょうか？　この付近は新第三紀中新世後期（ここでは約900万年前以降）の三浦層群に属する稲子沢層の凝

灰質泥岩がち砂岩泥岩互層が分布しています．これらの地層は，鋸山付近では翼部が急傾斜し，下方に凸型を呈する褶曲(しゅうきょく)構造である向斜構造をとっています．もちろん，地獄覗きの浸食地形ができたのはもっと新しく第四紀のことです．

さて，「仏ヶ浦」と同じく青森県下北半島にあり，古来知られた全国的に有名な霊地といえば「恐山(おそれざん)」です．開基は慈覚大師円仁（794-864）です．約1200年前に彼が唐で修行中，ある夜「汝，国に帰り，東方行程三十余日の所に至れば霊山あり，地蔵尊一体を刻しその地に仏道を広めよ」という夢のお告げを受けたそうです．艱難辛苦の探求の果てに恐山に達し，ここを霊山と定めました．明治期の文人で各地を巡った大町桂月（1869-1925）も「恐山　心と見ゆる湖を　囲める峰も　蓮華なりけり」と詠んでいます．これは直径5kmの宇曽利湖を中心に，釜臥山（最高峰，879 m），大尽山(おおつくしやま)，小尽山(こづくしやま)，北国山，屏風山，剣の山，地蔵山，鶏頭山が蓮華八葉の形状を表すかのように分布していることを歌ったものです．硫黄の臭いが漂う荒涼とした様は極楽どころか地獄の様相ですが，事実，境内には「地獄谷」「修羅王地獄」「どうや地獄」「重罪地獄」「賭博地獄」「血の池地獄」「金掘地獄」「無間地獄」など，これでもかという状態の地獄があります．人々の痛みをわが痛みとして受けとめてくれる「地蔵尊」（「延命地蔵菩薩」）が祀られたことにより「地蔵とともにおわす故に浄土なり」ということなのだそうです．事実，宇曽利湖岸には「極楽浜」もあります．「地蔵尊」や「地蔵岩」については，第3章を参照してください．

さて，恐山火山は東西約17 km，南北約25 kmを占め北西〜南東方向に連なる火山群で，最も新しい地質時代である新生代第四紀後期の数十万年前〜10万年前に形成されたと考えられています．いくつかの活動期が識別されています．主に安山岩〜デイサイトの噴出物です．特筆すべきは，宇曽利湖北岸の地熱地帯では硫気孔を伴い，金の鉱染が見られ，温泉沈下物にも高品位の金をはじめとする重金属が含まれていることです．このような浅熱水性金鉱床は世界的にも新知見です．

今度は，南の地獄として名高い九州長崎県の「雲仙地獄」を覗いてみましょう．島原半島に位置する雲仙火山は，野岳・妙見岳・普賢岳・眉山(まゆやま)から構成され

恐山一景｜青森県下北半島に位置する日本三大霊場の1つで，慈覚大師円仁による開基です．新生代第四紀後期の恐山火山岩類に属する安山岩〜デイサイトからなります．浅熱水性金鉱床が発見されたことで有名です．[K]　むつ市からバス35分．

ています．その活動はおよそ50万年前にもさかのぼります．新期の火山噴火は，約10万年前に野岳の噴火とともに始まり，顕著な歴史的噴火は寛文3（1663）年と寛政4（1792）年で，前者による噴出物は「古焼け」，後者のものは，「新焼け」と呼ばれています．とくに1792年噴火の1カ月ほど後に，丸山ドームが巨大な岩屑流を生じながら崩壊し島原を通って有明湾へと山麓を押し流し，さらに湾を横切り対岸の熊本県沿岸部の集落を水浸しにした大きな津波を生じ，約15000人もの死者が出ました．まさにこの世の地獄を演出したのです．「島原大変，肥後迷惑」というのはこれを言い伝えた言葉です．その後約200年間休眠していましたが，1989年に再び目覚め，噴火活動は，1990年から1995年まで続き9000回以上のドームの崩壊による火砕流を生じ，44名の死者の原因となったことは記憶に新しいところです．

雲仙地獄｜長崎県島原半島に位置する雲仙火山の噴気・熱水活動によるもので，硫黄臭漂う熱い噴気が流れる情景は，まさに地獄を髣髴とさせます．火山岩の岩質は安山岩〜デイサイトです．[K]

長崎市内より車で 90 分の九州ホテル（雲仙市小浜町 320）横．

　今も噴気は活発で，「雲仙地獄」として知られています．火山地帯では，噴気や温泉（熱水噴出）が噴出している場所を「地獄」と称します．内部をいくつかご紹介しましょう．「清七地獄」というのは，江戸時代に長崎に住んでいたキリシタンの清七が雲仙で処刑されたころ噴出したので名づけられたものです．「大叫喚地獄」は，雲仙地獄の最高所にあって最も活発な活動をしている一帯です．硫化水素を含む 120℃ の高温水蒸気を 30〜40 m 吹き上げ，ゴウゴウという噴気音が地獄に落ちていく亡者の絶叫のように聞こえることから命名されました．「すずめ地獄」というのは，噴出する音がすずめの鳴き声のように聞こえることからの命名です．といってもホテルのすぐ裏手にあり，観光施設としても整備されているので気軽に見学できます．

　このほか鍾乳洞の○○地獄のたぐいも枚挙に暇がありませんが，山口県秋吉台のカルスト地形にもその 1 つがあります．二酸化炭素の含まれた自然水（雨水ほか）によって石灰岩が溶食され，羊の形を思わせる石灰岩柱が乱立し，表土が浸食され露出している地域は「地獄台」と呼ばれています．生物が棲んでいそうもない非日常的な風景を地獄と称したものでしょう．

第2章
神宿り，神籠もるところ

琴弾山神社の「石神」｜島根県飯石郡飯南町の琴弾山山頂近くに高さ6 m，周囲12 mほどの2つの巨石があり，その隙間を通ると琴弾山神社に至ります．これらの石が，出雲国風土記の中に「石神あり」と記述されているものです．別名「夫婦岩」とも称されます．[S]
琴弾フォレストパーク（スキー場）の登山口から徒歩約1時間．

前章でも神や仏に関わる石のいくつかについて述べましたが，ここではあの世この世の神にちなむ石や岩をあれこれご紹介していきましょう．この扉写真は琴弾山神社の「石神」です．島根県飯石郡飯南町の琴弾山山頂近くにあり，出雲国風土記の中に「石神あり」と記述されている高さ6ｍ，周囲12ｍほどの2つの巨石です．なんとなく写真からでも荘厳な雰囲気がうかがえます．「神」とは，いうまでもなく人知を超えた優れた能力をもつ不可思議な存在とされ，宗教的な信仰対象ともなっています．日本では，神話伝説とも関連し，神武天皇以前にわが国を治めていたとされます．したがって，石の世界でもその存在は格別なものがあります．

「八百万の神」にちなむ石

　わが国には古来八百万の神々がおられ，それぞれ信仰を集めていたわけで，神にちなむ石の世界も真偽のほどはともかく多様です．それらの神々の大部分を生み，また日本の国を産んだイザナギ・イザナミ2神とそれにまつわる石の話から始めましょう．
　まず，まえがきでもふれた淡路島の南に位置する沼島(ぬしま)の沿岸に「上立神岩」があります．地質学的に西南日本を南北に分ける東西性の大断層である中央構造線が淡路島の南端をかすめていくので，沼島は外帯（太平洋側）に位置し，内帯（日本海側）に位置する淡路島とは異なる地帯区分に属します．沼島は，三波川(さんばがわ)結晶片岩という広域変成岩の一種からなっています（領家(りょうけ)帯は花崗岩です）．変成作用を受ける前の源岩の種類（堆積岩か火山岩か）によって異なる種類の変成岩となっています．沼島南西部はおもに泥質片岩で，北東部は塩基性片岩となっています．源岩の形成時代は中生代中頃ですが，変成時代は中生代後期の白亜紀頃とされています．野暮を承知でいえば，日本にはこれより古い岩石はたくさん

上立神岩｜兵庫県南淡路市沼島の南に位置し，高さ約 30 m に達し「天の御柱」とも「竜宮城の表門」にあたるともいわれています．イザナギが左よりイザナミが右より「上立神岩」を回り，紆余曲折あって結ばれ，多くの神々を産みました．直接岩質を確認できませんが，変成岩の 1 種である三波川結晶片岩（変成時代は白亜紀）からなっているようです．[S] 🥾沼島港より徒歩約 20 分．

神石｜イザナミノミコトは火の神であるカグツチノミコトを産んだために焼け死んでしまい，これを悲しみ憤ったイザナギノミコトによってカグツチノミコトは切り捨てられてしまいます．このとき石と化したとされているものが，宮崎県都城市高崎町の東霧島神社にあります．岩質不明．[S] 🥾JR 吉都線「高崎新田」駅から車で約 20 分．

「八百万の神」にちなむ石

あるので，石の始まりでもなく，国の始まり神話はあくまでお話です．この「上立神岩」は，高さ約30mに達し「天の御柱」ともいわれ，また江戸時代の正徳2（1712）年頃，大阪の医師寺島良安によって編纂出版された日本の百科事典である『和漢三才図会』では竜宮城の表門にあたるとも書かれています．神話ではおのころ島に降り立ったイザナギノミコトとイザナミノミコトが「上立神岩」の前にある「ゆるきバエ」で夫婦になろうとしましたが，その営みの法を知らなかったとされています．すると，そこに舞い降りた二羽のセキレイが尾をゆさぶって夫婦和合の道を悟したといいます．

　宮崎県都城（みやこのじょう）市高崎町の東霧島神社境内の池の中に「神石」と呼ばれる石があります．大きな刃物で切ったような見事に切られた岩塊ですが，たぶん岩石の割れ目の1つである節理面でしょう．「鏡石」の類にも同じ成因のものが多くあります．苔むしているため岩質はよくわかりません．さて，神話伝承によりますとイザナミノミコトは多くの神々を産みましたが，最後に火の神であるカグツチノミコトを産んだために焼け死んでしまうのです．悲しみ憤ったイザナギノミコトは我が子であるにもかかわらず切り捨ててしまいます．このとき切られたカグツチノミコトが3つの石と化しますが，その時の石とされているものです．

　さて，三重県熊野市の七里御浜（しちりみはま）海岸近くに「花の窟」と称される高さ70m，底辺60mでやや斜めに突き出している岩塊があります．これが，地元ではイザナミノミコトの墓ともいわれています．これも1種の「磐座（いわくら）」でしょうか．女性の願いを叶えてくれるとかで，今では全国の女性の願望成就の場となっているそうです．

　このほか，「立神岩」の類は各地にあります．南の九州地域を中心に紹介しましょう．

　佐賀県唐津市玄海灘に面する湊の海岸の波打ち際には柱状節理が発達した玄武岩の奇岩がいくつも重なっています．その1つが高さ30m，周囲約6mの「立神岩」ですが，ここでは2つの岩が寄り添っていることから別名「夫婦岩」とも呼ばれます．「夫婦岩」については第5章で後述しますのでご参照ください．新第三紀鮮新世後期（ここでは約300万年前）の無斑晶質玄武岩溶岩からなっ

花の窟｜三重県熊野市の花窟神社にある高さ 70 m，底辺 60 m でやや斜めに突き出している岩塊で，イザナミノミコトの墓ともいわれています．新生代古第三紀初期の四万十層群に属する砂岩が，虫食い状の風化浸食を受けた岩塊です．[S] 👞 JR紀勢本線「熊野市」駅からバスで「花の窟」下車，約5分．

立神岩｜佐賀県唐津市の海岸に位置する高さ 30 m，周囲約 6 m の柱状節理が発達した岩塊で，別名「夫婦岩」とも呼ばれます．新第三紀鮮新世（ここでは約 300 万年前）の無斑晶質玄武岩溶岩からなっています．[S] 👞 JR唐津線「西唐津」駅から車で約 30 分．

「八百万の神」にちなむ石

ています．これは地下深部の高圧下でのマントル物質の部分溶融によるマグマに由来するとされ，上部マントル～下部地殻由来と思われる珪酸分に乏しい超塩基性～塩基性岩が数多く含まれています．

　鹿児島県枕崎市西鹿籠(かご)の「立神岩」は，市街南西約 4 km の山立神岬の東側一帯に位置する火之神公園近くの海上にあり，高さ約 42 m の岩塊です．枕崎市の航海安全と大漁満船を祈願した守護神として崇められています．南薩層群に属する新第三紀鮮新世の火山砕屑岩～溶岩の浸食地形です．

　さらに，南の沖縄県にもいくつかあります．東シナ海に浮かぶ琉球弧状列島の最も内側に位置する久米島は，主に新第三紀中新世のグリーンタフ（緑色凝灰岩や各種火砕物を主とする海底火山の噴出物）と中新世～鮮新世（～更新世）の島尻層群が分布します．他地域と異なり安山岩や玄武岩が卓越します．「立神岩」を地元の人は「タチジャミ」と呼ぶことがあります．高さ約 40 m ある雄大なものですが，次頁の写真からは岩脈のように思えます．

　与那国の「立神岩」は別称「頓(とうん)岩(がん)」ともいいます．中新世の八重山層群に属する新川鼻(あらがばな)層の頁岩がち砂岩頁岩互層からなります．ゆるく傾いた面は，砂岩と頁岩の地層の境界面（層理面）です．昔の伝説では，鳥の卵を採るため男 2 人が岩に登ったところ 1 人が転落死し，もう 1 人は恐怖で降りられなくなり神様に祈りながら眠りにつくと，目覚めた時は陸地にいたといいます．形がナニに似ているので子が授かるようにと祈願に来る人も少なくないそうです．いわゆる「陰陽石」の片割れでもあります．

　その後八百万の神々は天上界である高天原に住まわれますが，一部の神々がいわゆる天下りをなされ，人の世につながっていくわけです．各地に伝承があります．

　さて，なんといっても神々降臨の本家（?）といえば，宮崎県と熊本県の県境付近に位置する高千穂です．高千穂峡は，阿蘇火山からの柱状節理が発達した第四紀更新世（約 12 万年前と約 9 万年前の二回）の火砕流堆積物が主要河川を埋積し，幅広い平坦面を形成した後に五ヶ瀬川に浸食されてできた V 字形の渓谷です．断崖の最大高さは 100 m ほどもあり，東西方向に 7 km も続きます．平

立神岩｜鹿児島県枕崎市南西の山立神岬火之神公園近くの海上にある高さ約42mの岩塊で，枕崎市の航海安全と大漁満船を祈願した守護神として崇められています．南薩層群に属する新第三紀鮮新世の火山砕屑岩〜溶岩の浸食地形です．[S] 🥾JR指宿枕崎線「枕崎」駅から南に3km．

立神岩｜沖縄県久米島に位置し，地上高が約40mある新第三紀鮮新世に貫入した安山岩〜玄武岩岩脈でしょう．地元では「タチジャミ」と呼ぶことがあるそうです．[S] 🥾久米島空港から車で20分，徒歩15分．

19

「八百万の神」にちなむ石

立神岩（別称，頓岩）｜沖縄県与那国町の海上に位置する浸食岩塊で，その形から子授け祈願の対象ともなっています．昔鳥の卵を採るため男2人が岩に登ったところ1人が転落死し，もう1人は恐怖で降りられなくなり神様に祈りながら眠りにつくと，目覚めた時は陸地にいたという言い伝えもあります．新第三紀中新世の八重山層群新川鼻層の砂岩頁岩互層からなります．[S]
🚗与那国空港から車で20分．

坦面上には，直径数mもある深く抉れた円形の穴であるポットホール（甌穴）が発達しています．

　高千穂の天岩戸神社は，岩戸川の峡谷を挟んで左岸に東本宮，右岸に西本宮が位置します．東本宮に洞窟があり，ここが西本宮の本殿で，御神体の天岩戸です．ご存知のように主祭神は天照大神で，弟神のスサノオノミコトの乱行に怒ってここに隠れてしまったため世の中は真っ暗になってしまいました．困った神々が岩屋の前で大宴会を催したところ，天照大神がこれを覗こうと少し岩戸を開けたのに乗じて手力男命（タヂカラオノミコト）がこじ開けたという伝説です．この後，手力男命が放り投げたとか，あるいは運び込んだ天岩戸があるとされるのが，長野県北部に位置する戸隠山です．

　しかしまた異説があります．山梨県山中湖村の石割神社のご神体が，天の岩戸神話で手力男命がこじ開けたという伝承をもつ大岩だというのです．高さ10m，横15mほどで後方の山肌とは約60cmの垂直な隙間（節理）で切り離されています．標高1413mの石割山の八合目にあります．よくある本家争いですが，写真（p.22）のようにさもありなんという貫禄が感じられる大岩です．中生代白亜紀前期の古期領家花崗岩類に属する花崗質岩からなっています．

　ところで，宮崎県と鹿児島県境にある霧島連峰第2の高峰をなす複合火山も高千穂峰（1574m）と称され，天孫ニニギノミコト（邇邇芸命）が天降りに際して高千穂峰に逆さに突き刺したといわれる長さ約140cmの銅製の天の逆鉾が山頂に立っているのです．もちろん人工物です．霧島神宮でもニニギノミコ

高千穂峡（宮崎県）｜宮崎県と熊本県の県境付近に位置し（宮崎県西臼杵郡高千穂町大字三田井御塩井），東西方向に 7 km も続く五ヶ瀬川の浸食による V 字形の渓谷です．断崖の最大高さは 100 m ほどもあります．柱状節理が発達した新生代第四紀更新世の阿蘇火砕流堆積物が分布しています．[K]
JR 高千穂線「高千穂」駅下車，南方へ約 1.5 km.

トを祀っています．ここでもまた本家争いですが，お話の世界のことです．

　このほかにも天孫降臨や神々降臨の話は各地にあります．一説では，イザナギ・イザナミノミコトが会津に天降らせ給うたことがあるそうです．その際，投じられた鉾が化して八角の水晶となったそうです（水晶（石英）は，普通は六角）．そこで伊舎須弥神社として崇め，宮を号して八角と云うと伝えられています．その宮は福島県会津若松市内にある八角神社のことだそうです．しかも神々が天降る際に乗り立った舟が化して石となったのが「会津の舟石」だそうで，なかなか手の込んだ話です．新生代の火山岩でしょうが，苔むしていて岩質はよくわかりません．

　他にもあります．天照大神が西を征した時しばらくここに居をかまえたという

天の岩戸｜山梨県山中湖村の石割神社のご神体で，天の岩戸神話で手力男命がこじ開けたという大岩だそうです。高さ10m，横15mほどで，後方の山肌とは約60cmの垂直な隙間（節理）で切り離されています。中生代白亜紀前期の古期領家花崗岩類に属する花崗質岩からなっています。[S] 山中湖村役場から車で登山口へ5分，徒歩60分。

会津の舟石｜福島県会津若松市の八角神社にあり，イザナギ・イザナミノミコトが会津に天降らせた時，乗り立った舟が化して石となったものだそうです。[S] JR磐越西線「会津若松」駅から車で20分，徒歩15分。

のが，鳥取県八頭郡河原町の霊石山山頂だそうで，ここに「皇居石」と称される3個の大石があるそうです．茨城県日立市の天津神タケハヅチノミコトを祀る大甕神社の神殿が立つ山形の岩塊は「宿塊石」と称されています．天津神がこの地を平定した折り，岩に化身した悪神カガセオがタケハヅチノミコトに蹴飛ばされて飛んだ時に残った根の部分といいます．

　大阪府交野市にあり，奈良と大阪を結ぶ岩船街道の由来になった磐船神社も，天孫降臨の地といわれています．巨大な岩塊は，見る者を圧倒します．

　長野県小県郡長和町にある直径2mほどの楕円状の石は，叩くと金属的な音が鳴ることから「鳴石」と呼ばれています．こうした「鳴石」も各地にあり，その由来もさまざまですが，ここの「鳴石」のある場所は，かつて雨境峠と呼ばれていたことから「天と地の境」であったと考えられ，天から降臨する神を迎える祭壇であったといわれています．これもいわゆる「磐座」に属するものでしょう．

　奈良県生駒市の奈良稲蔵神社にある「烏帽子石」は，長三角形状から名づけられたもので，各地に「烏帽子石（岩）」がありますが，ここの石は少々いわれがあります．大昔，ニギハヤノミコトが大神より授かった十種の神宝を奉じて，天の岩船に乗り磐船山に天降った際，ミコトとともに天降った生魂大宮能御膳神の二柱の神がこの石に宿られたというものです．

　さて，次に名前そのものの「神石」「神岩」の類をいくつかご紹介しましょう．

　アイヌ語で「カムイ」は「神」の意ですが，「神威岩」というのも各地にあります．たとえば，北海道積丹半島の北端，積丹岬西方の神威岬突端部にある高さ約41mの細長い立岩です．付近一帯に分布する新第三紀鮮新世〜第四紀更新世の安山岩質火山噴出物の凝灰角礫岩からなっていて，いわゆる義経北行伝説が伝わっています．日高の平取（日高支庁沙流郡）に滞在していた源義経は，この地の首長の娘チャレンカと恋仲になりましたが，やがて義経一行は別れも告げずに去ってしまいました．チャレンカは後を追い，ようやく神威岬で追いつきかけましたが，義経一行が舟で岸を離れた後でした．彼女は悲しみのあまり「シャモ（和人）の舟，婦女をのせてここを過ぐれば転覆せしむ」と呪って投身自殺をしましたが，彼女の化身がこの「神威岩」になったといいます．松前藩が支配して

磐船神社の巨岩｜大阪府交野市の天孫降臨伝説のある巨岩です．[S] 🚃近鉄線「生駒」駅からバス「北田原」下車30分．

鳴石｜長野県北佐久郡立科町にある直径2mほどの楕円状の石で，叩くと金属的な音が鳴ることから命名されました．この場所は，「天と地の境」であったと考えられ，天から降臨する神を迎える祭壇であったともいわれます．[S] 🚃JR中央本線「茅野」駅から車で約40分．

烏帽子石｜奈良県生駒市の奈良稲蔵神社境内にあり，大昔，ニギハヤノミコトと生魂大宮能御膳神の二柱の神が磐船山に天降った際，この石に宿られたといわれます．[S]
🚃近鉄線「生駒」駅から車で約15分．

第2章　神宿り，神籠もるところ

神威岩（北海道積丹半島）｜義経北行伝説で，日高の平取に滞在していた源義経はこの地の首長の娘チャレンカと恋仲になりましたが，やがて別れも告げずに去ってしまい，チャレンカは後を追ってようやく神威岬で追いつきかけましたが，義経一行が舟で岸を離れた後でした．彼女は悲しみのあまり投身し，その化身がこの「神威岩」になったといいます．新第三紀鮮新世米岡層の安山岩質凝灰角礫岩からなる岩塊です．[S] 積丹町役場から車で25分．

いた時代の元禄4（1691）年，「女が通れば海が荒れて魚が漁れない」といわれて，藩命によって神威岬以北への婦女子の通行が禁じられたほどです．禁令は安政3（1856）年まで続きました．江差追分に「未練あるのか　お神威様よ，なぜに女子の足とめる」「えぞ地海路に　お神威なくば」などと歌われているのは，この禁令に由来します．また，同じく北海道の奥尻島西岸中央部沖合に位置する「神威岩」は，新第三紀鮮新世米岡層の火砕岩部層からなる岩塊です．

　北海道釧路市知人岬に「ノッコロカム」，つまり「岬の神」として釧路近在のアイヌの人たちの間で祀られていた一対の「神石」があったといいます．大きい石は「ピンネカムイ（男神）」，小さい石は「マチネカムイ（女神）」と呼ばれ，天地創造の頃，人間に幸福を授けるため石となって下ってきたといいます．残念なことに明治の釧路築港の時に男神は打ち割られ，「女神」は埋め立てられてし

まったといいます．したがって，現在見ることはできませんが，なんとも罰当たりなことです．

　秋田県仙北郡協和町境の唐松神社は，19世紀末にこの地に遷宮したといわれますが，社宝として神功皇后（応神天皇の母）の御腹帯とともに「御神石」が祀られているそうです．そのため安産・授子に対する女性の信仰が篤いそうです．

　石川県加賀市の宮村岩部神社のご神体は「神石」と称される自然石で本殿がなく，土塀で囲ってあるだけです．伝承によると何度か本殿を建設しようとしましたがそのたびに天災などが起こり成就せず，本殿造営は神の思召に反するといわれ今でも本殿がないそうです．苔むしており，ふれることもできないので岩質は不明です．

　京都府福知山市の有名な大江山の麓に「岩神さん」と称される石があり，古くから信仰されています．かつては京の都への重要な峠道沿いにあり目印にもなったことでしょう．これも苔むしており，ふれることもできないので岩質は不明ですが，それだけに，なにやら神秘性が感じられる岩塊です．

　三重県鳥羽市の神明神社に鎮座する「石神さん」は50cmほどの大きさでこじんまりした石ですが，注連縄(しめなわ)が張られ大事にされているようです．古くから鳥羽の海で生活する海女たちに信仰されてきました．

　さて，世の夫婦が必ずしも仲むつまじいわけでもないように，神の世界でも同様です．岩手県二戸(にのへ)市石切所の折爪馬仙峡(おりづめばせんきょう)県立自然公園内にある馬淵川西岸の大崩崖から安比(あっぴ)川合流点にいたる地域は「馬仙峡」と称され，渡辺喜恵子の直木賞（1959年上半期）受賞作『馬淵川』の舞台でもあります．ここに巨大な2個の岩塊がそびえています．これを「夫婦岩」とみなせば全国最大級でしょう．やや高い方が男神岩(おがみいわ)（標高280m），やや低いのが女神岩(めがみいわ)（標高260m）と呼ばれています．中新世中期の輝石安山岩質溶岩や同質火砕岩からなっています．これには次のような伝説があります．男神と女神は幼い頃から許婚の間柄でしたが，姿かたちのよい鳥越山に男神が心変わりをしてしまいました．怒った女神は大蛇に変身して鳥越山を絞め殺そうとしましたが，さすがにかなわず悲嘆のあまり川の大きな淵（明神ヶ淵）に身を投げてしまったそうです．これに同情した鳥越山

神石｜石川県加賀市の宮村岩部神社のご神体です．この神社は本殿を建設しようとするたびに天災などが起こり成就せず，神の思召に反するといわれ今でも本殿がなく土塀で囲ってあるだけです．［S］
JR 北陸本線「大聖寺」駅から車で北へ約 20 分．

岩神さん｜京都府福知山市の大江山麓にあり，古くから信仰されている岩塊．岩質不明．［S］ 北近畿タンゴ鉄道宮福線「大江」駅から車で 10 分，徒歩 10 分．

石神さん｜三重県鳥羽市の神明神社に鎮座する 50 cm ほどの大きさの岩塊で，古くから海女たちの信仰対象でした．［S］ JR 参宮線「鳥羽」駅から三重交通バス国崎行きで約 35 分「相差」下車，徒歩 7 分．

は,「男神岩」に「顔を見るのも嫌だ」と背を向けたといいます．神様の世界も三角関係のもつれは解きがたいものです．その後，里人が祠を建てて大淵大明神として祀り，雨乞いの神様として信仰したのです．

このほか，神にちなむ石もまだまだ各地にあります．熊本県鹿本郡鹿央町岩倉集落の裏手の岩倉立山地域に分布する白亜紀後期の花崗岩〜花崗閃緑岩からなる浸食による岩塊の1つで，表面が平らな大岩は「神頭石(かみこうべいし)」と呼ばれ，台座とみなせるような小岩塊が付属しています．また，新潟県佐渡郡小木町沢崎，小木半島の西端にある沢崎鼻の灯台下の岩礁に「神子岩(おご)」があります．新第三紀中新世の海底火山の噴出物である変質カンラン石玄武岩の枕状溶岩（国指定の天然記念物）からなっています．枕状溶岩は，水中に流出した粘性の低い溶岩流に特徴的な楕円体状の団塊の集合からなります．断面を見ると，まるでマクラを積み上げたようです．付近にある「筍岩」や「潜岩」も同様です．鳥取県八頭郡河原町の最勝寺北西500mにある猿田彦命の霊をこめたといわれる5m四方の大岩は，「神の御子石」といわれています．

変わったところでは，「草履石」という石があります．鳥取県鳥取市に位置する因幡の国一ノ宮である宇倍神宮のご祭神は，タケノウチスクネノミコトです．境内にある「草履石」はタケノウチスクネノミコトゆかりのもので，彼はこの履物を残して360歳の長寿を閉じたといいます．ちゃんと2個あります．苔むした変哲のない岩塊ですが，直接ハンマーで叩いて調べるのは恐れ多いのでくわしい岩質はわかりませんが，神様も草履を愛用し，また寿命があるのですね．なかなかおおらかな伝承です．

さて，「神石」と同様「神岩」も各地にあります．たとえば兵庫県姫路の「神岩」(166m)です．凝灰岩の岩面は所々に浅いくぼみを作っています．凝灰岩は基本的には火山灰からなっていますが，火山の放出物である硬い岩塊が抜け出たり，とくに弱い部分が粘土鉱物化して浸食され石の表面にくぼみを作ることが普通です．ここで「不思議伝説・稲作の小泉」と書かれた標板には「古来より小水をたたえたり　この小水　年中枯れることなく今に至る　これぞ神岩といわれる所以である」と記してあります．「神岩」の頂点には三角錐の小石（30cmく

草履石｜鳥取県鳥取市の因幡の国一ノ宮である宇倍神宮のご祭神であるタケノウチスクネノミコトゆかりといわれる2つの岩塊．岩質不明．[S]　📷JR山陰本線「鳥取」駅から車で約20分，宇倍神社境内．

らい）があり，これは「清心の三角石」と称され「人の心が三角石に伝わり　さらに神に伝わる　心清き人　軽くなれと願わくば女子供なりとて　持ち上がるなり　これ神岩の所以である」そうです．いわゆる「力石」伝説の1変型です．少し丁寧に「神様石」と呼ぶ場合もあります．鹿児島県下甑島本町の諏訪神社の横にある花崗閃緑岩の巨石「神岩」は，石屋が石材にしようとしたところ，石がミーンミーンと泣いたのであきらめたという伝承があるそうです．このように石を移動しようとしたりすると祟りがあり，岩が泣いたり血を流すという言い伝えも各地にあります．

　一方，神という名にちなんでも必ずしも神に関係ない石もあります．日本武尊や天皇など歴史上の人物にちなんだ石です．まず，長野県上田市（旧小県郡本原村竹室）の竹室神社内にあるのが「神足石」です．日本武尊が東征の帰途，信濃に入った時この地の里人が木の枝を折って仮屋を作って迎えたといいます．この時，日本武尊が立っていた岩にその足跡が残ったと言い伝えられているもので

す．もう1つは「石塚神石」です．JR北陸本線春江駅から西へ約5kmの福井県坂井市春江町石塚にある石塚神社に祀られている大岩です．先端が少し細くなって亀が首を出しているようにも見えます．継体天皇（6世紀）が九頭竜川の治水事業を行った時，立って指揮をしたという石だそうです．「神座石」は長野県諏訪郡富士見村若宮から上伊那郡三義村へ越す峠にあり，日蓮上人が伊那へ越す時，この石の上で弟子たちに説教をしたという石です．トリゴニア（三角貝，中生代後期に最も繁栄）の化石をたくさん含んでいるので，砕かれて次第に持ち去られてしまったそうです．いわゆる「腰掛け石」の類でもあります．

「七福神」にちなむ石

　庶民に日常的に親しみ深く信仰されている神様といえば「七福神」でしょう．名前の通り出自はいろいろですが，招福の神様7柱の集まりで，室町時代末期頃から信じられるようになり，江戸時代に盛んになった民間信仰です．当初「七福神」は，人気の高かった恵比須（寿）と大黒という二人の神様を一緒に福の神として祀ることから始まりました．仏教経典『仁王般若波羅蜜経』にある「七難即滅七福即生」（仏の教えを守っていれば，火災，風水害，盗難などの七つの大難を避け，七つの福が得られるという教え）にちなんで，あとから加えて七福神としたといわれています．一般的には，夷（恵比寿）・大黒・毘沙門天・弁財天（弁天）・福禄寿・寿老人・布袋の七神を指します．宝船に乗ってやって来ると信じられています．この中にはもちろん日本の神様もおられますが，古代中国・インド起源の神様も多いのが特徴です．今日まで広く親しまれてきたので，当然石の世界にも数多く顕現されています．それらの一部を次にご紹介しましょう．

　まず全員集合写真です．石川県金沢市に江戸時代の代表的な林泉回遊式大庭園として誉れの高い兼六園があります．奥州白河藩主の白河楽翁の命名で，宋の時代の詩人である李格非が著した『洛陽名園記』の文中から採って，宏大・幽邃（ゆうすい）・人力・蒼古・水泉・眺望の六勝を兼備するという意味です．その庭石・築山の1つに「七福神山」があります．別名「福寿山」とも称します．文政5（1822）

年に 12 代藩主前田斉広(なりなが)によって建てられた竹沢御殿から眺められるように造られました．ちょっと見にくいですが自然石を，右から「恵比寿」「大黒天」「寿老人」「福禄寿」「布袋」「毘沙門天」「弁財天」に見立てたものです．

　恵比寿は，日本発祥で商売繁盛の神様であり，日本神話でイザナギ・イザナミから最初に生まれた蛭児(ひるこ)のことだともいわれますが，もちろん定かではありません．他の説では，逆に異郷からの渡来人のことを指し幸せをもたらす客神(まれびとかみ)とされていたものが，漁民たちの間で漁の時に海から上がった石を海からやってくる幸福の神様エベツとして神棚に祀った民間信仰が変化したものとされます．たとえば，島根県隠岐島の五箇村福浦地域では西の方向から網にかかった石や海中から上げた石を大事にする風習があり，「えびすさん」と称して神棚などに飾り，これがある家に大漁があるといわれていたそうです．釣り竿と鯛を抱えている姿が一般的で，もともとは漁師の間で信仰されていた神様であることがうかがえます．小さな石だけでなく大きな岩にもあります．長野県上田市室賀峠の谷を上がる旧峠道の東西山腹に「大黒岩」「恵比寿岩」という巨岩が相対しています．新第三紀中期中新世の青木層に属する泥岩砂岩中に貫入したデイサイト（石英安山岩）が，変質した変朽安山岩の岩塊です．「恵比寿岩」は「女大黒」ともいわれ，やや丸みを帯びています．

　山口県山口市に，次頁の写真のようにかつては東西を行き来する旅人の山口への玄関の役割をもった石があります．いわゆる「結界石」ですが，これを「重ね石」とも称しています．この石は，また恵比寿様をお祭りしています．

　大黒天はインド発祥の神様の 1 つで，インドではマハーカーラといい日本神話の大己貴尊と習合したものです．五穀豊穣・蓄財の神様で，台所の柱に大黒天を祀れば食事に困ることはないとされています．上述の「恵比寿岩」に相対する「大黒岩」は，「黒大黒」とも呼ばれ，尾根の先端部をなして高さ約 20 m，幅約 10 m の立柱状を呈しています．このほか各地にあります．いくつか紹介しましょう．

　栃木県塩原の箒川(ほうきがわ)沿いに塩原ダムに向かう途中の道路際にある「大黒岩」は，塩原町の天然記念物に指定されています．新第三紀中〜後期中新世の鹿股沢

七福神山(福寿山) | 石川県金沢市の兼六園の築山で,配した自然石を七福神に見立てています。[K] 🚌 JR北陸本線「金沢」駅からバスで「兼六園下」下車,徒歩1分.

重ね石 | 山口県山口市に位置し,東西を行き来する旅人の山口への玄関の役割を示す「結界石」でもあります。右端の石の祠状の部分は恵比寿様を祭ったものです。[S]
🚌 JR山口線「山口」駅から車で約10分.

層に属し,主にシルト岩からなる大黒岩化石層中の貝化石礫層からなっています。これに含まれる貝化石は浅い海に生息していたものが大部分で,「塩原動物群」と呼ばれて東北日本の各地から産出が知られ,当時の古環境を知る縁となっているものです。

長野県中野市の高社(こうしゃ)火山は,飯山市の南東約5kmの千曲川右岸に位置しま

す．鳥海火山帯に属し 20〜30 万年前に活動した短命の火山です．溶岩流と火山砕屑物が交互に積み重なって優美な裾野を伴った成層火山です．高社山本体（1352 m）の西側に位置し，やや不明瞭な形状の虚空蔵・滝の沢の小火山体と東斜面に 3 つの寄生火山があります．本体山頂のやや南にある「大黒岩」は，火道（地下のマグマや火山噴出物が地表へと出てくる通路）からの放射状岩脈の一部であり，普通輝石紫蘇輝石安山岩溶岩からなっています．このほか「夫婦岩」「屏風岩」や「天狗岩」などもあります．

　群馬県榛名火山の北東にある第四紀中頃から活動を始めた火山である子持火山（1296 m）山頂の南約 1 km に，高さ約 100 m，断面直径約 150 m の塔状をなして突き出し，下部の直径約 150 m の円形断面を示す岩が「大黒岩」と呼ばれています．火道に詰まっていたマグマが冷え，その後の浸食に抗して残った火山岩頸です．最大時の火道は，北西〜南東方向に長径 300 m，北東〜南西方向に短径 200 m の楕円形をなしていたと推定され，「大黒岩」はその南東端に位置します．岩質は大部分優白色の複輝石安山岩です．つまり，ありふれた火山岩です．形から「獅子岩」とも呼ばれています．

　十和田火山は，秋田・青森県境に位置し，新第三系の根の口礫層と八甲田火山由来の田代平溶結凝灰岩を基盤としています．標高 1000〜1160 m の外輪山をもつ十和田カルデラと南半部にある新期火山の囲まれた中湖カルデラからなっています．火山活動の第 1 期は，（玄武岩質）安山岩溶岩や火砕流凝灰岩・降下火山灰などの噴出といくつかの火口丘の形成です．第 2 期は，火山活動最盛期で膨大な軽石・火山灰の放出と主カルデラの形成がありました．第 3 期は約 1 万年前の活動で，前期は新期火山の形成です．玄武岩質安山岩の活動です．後期には幾度も軽石の噴出があり中湖カルデラが形成されました．第 4 期は約 2000 年ほど前からの活動で火山灰の噴出や軽石流の流下があり，約 1000 年前に御倉半島北端にデイサイト溶岩からなる御倉山ができました．湖中には，大小の島々が散在し，その 1 つに「恵比寿」「大黒」を祀ってあるので「恵比寿大黒島」と称される島もあります．中央火口丘を構成する第四紀溶岩が露出したものです．

　毘沙門天は，インド発祥の神様でインドではヴァイシュラヴァナといい，「多

聞」と訳されます。つまり，すべてを聞くことができる大智者を意味します。仏教では，四天王の一人で北方を守護し，財宝富貴を司るとされます。七福神に取り入れられて，戦いの神とされ，武将姿の神様なので，昔は武将の信仰が篤かったのです。災難，厄除け，また福徳を授けてくれる神様として広まりました。広島県竹原市東野町の本城山東麓に「毘沙門岩」がありますが，形状が似ているのではなく，高さ約1.5 mの毘沙門天像を刻んだ4 m四方の岩塊です。同様に，広島県倉敷市北端に位置する日差山の頂にある岩も毘沙門天像が彫られており，かつて磐座であったものに平安時代以降，山岳仏教の流入によって彫られたものとの推測があります。

　抹香くさいといいますか色気のない話が続きましたので，ここらで女神を取り上げましょう。本来は七福神唯一の女神でインド発祥で音楽，芸能，弁舌の神様である弁財天です。辯才天（弁才天）は，辨財天（弁財天）とも呼ばれますが，七福神の場合は辯才天，インドの神様の場合は辨財天と書き分けることもあります。インドではサラスヴァティーといい，日本の宗像三神のイチキシマヒメノミコト（市杵島姫神）に習合して祀られています。琵琶を弾く美しい女性の姿をとることが一般的です。中でも有名なのは神奈川県江ノ島に祀られている通称「裸弁天」の異名通りに琵琶を弾く全裸の女性像ですね。正式には妙音弁才天半跏像といいます。境内には銭洗いの池があり，その水で洗ったお金は，「種銭（たねせん）」となって増えるといわれてます。石の世界でも人気があり各地にあります。次にいくつか紹介しましょう。

　北海道積丹（しゃこたん）半島北端積丹岬から西へ神威（かむい）岬にかけての海岸にある，新第三紀鮮新世～第四紀更新世の安山岩質火山噴出物の凝灰角礫岩からなる奇岩の1つに「弁天岩」があります。といっても岩の形が弁天を表しているのではなく，朱塗りの鳥居をもつ弁財天を奉る社があることからの命名です。明治時代の文豪であり歌人でもあった大町桂月が「ああ絶景なるかな北方の厳島」と嘆賞したという美しい情景だそうです。

　新潟県では，能生（のう）海岸のシンボルとして国道8号線沿いに見える灯台のある岩には，漁師が信仰している海の神様「市杵島姫命」が奉られている能生白山神

恵比寿大黒島｜青森県十和田湖中に位置し第四紀安山岩溶岩からなっており，小さな社に「恵比寿」「大黒」を祀っています．[K] 🥾 JR東北新幹線「八戸」駅から西に約30 km，車で45分．

社の末社があります．古くは岩窟弁才天として30年ごとに御開帳され，その際に「弁天岩」まで橋が架けられたそうです．現在では常置されている赤い欄干の曙橋を渡っていけます．つまり，ここでも岩の形が弁天に似ているのではなく，弁天を祭っていることから「弁天岩」といわれているのです．周囲には鮮新世の川詰層に属する砂岩泥岩互層や安山岩溶岩～凝灰角礫岩が分布しています．

阿武隈山地北部，福島県相馬市と伊達郡との境界をなす霊山(りょうぜん)付近には，新第三紀中新世前期（ここでは約2200万年前）の霊山層（最大層厚約200 m）が下位の白亜紀花崗岩を不整合に覆って分布しています．主に溶岩・凝灰角礫岩からなり，浸食に抗してさまざまな形状の岩塊を連ねています．主なものは「弁天岩」をはじめ「鷲岩」「物見岩（西の物見・東の物見）」「護摩壇」「猿跳岩」「見下し岩」で，これらは玄武岩～安山岩質の凝灰角礫岩からなりますが，最も南に位置する「離岩」だけはかんらん石玄武岩溶岩からなっています．このほか，数え上げられないほどたくさんの「弁天岩」が各地にあります．

布袋尊，寿老人，福禄寿は古代中国発祥の神様です．布袋尊は，七福神中唯一の実在の人物をもとにした神様であるといいます．貞明2（916）年，浙江省岳林寺で亡くなった，本名を契此(かいし)という人で，人々から「布袋さん」と呼ばれ親しまれていました．家庭円満，無病息災の神様とされ，日用品を入れた大きな袋をもち布袋腹といわれる大きなおなかが特徴です．「布袋石」というのがあります

が，石は石でもイルカの耳骨の化石です．わが国では新生代第三紀層中のマンガン鉱床から多産する場合があり，酸化マンガンに覆われて布袋神に似た形状を呈することからそう呼ばれます．寿老人と福禄寿は，ともに南極星の神様として崇拝されていたそうです．福禄寿は健康・幸福・長命の神様で，背が低く，頭が長く，ひげをたくわえています．中国の道教で祀る星宿（星座）の化身とされています．南極星の化身であるとされる南極老人と同一視されます．無病長寿の神様で，白髪でひげを長くのばし背は低く杖や団扇をもち，鹿を連れていることが多いのです．

第3章
ありがたき仏のおわすところ

万治の石仏 | 長野県の諏訪大社は、延喜式において最高位である名神大社とされていました。昭和23 (1948) 年から諏訪大社の号が用いられるようになりました。おもな祭神は、建御名方命とヤサカトメノミコト（八坂刀売命）で、諏訪湖の南側に上社（本宮・前宮の2宮）、北側に下社（春宮・秋宮の2宮）があり、社殿の四隅に御柱（おんばしら）と呼ぶ木の柱が立って独特の形を備えています。記紀神話では、出雲を支配していた大国主命が国譲りを迫られた際、長男の建御名方命が反対しましたが、武甕槌命に相撲で敗れ、諏訪まで逃れたことによるとされていますが、これは後世の作り話で、本来は土着の国津神であるそうです。「万治の石仏」は、春宮の左から徒歩5分ほどの近くにあり、新生代第四紀の安山岩溶岩からなり、一部に人の手がかかっている阿弥陀如来です。伝説によれば石工が春宮の大鳥居の材料にしようとしてノミを入れたところ、血が噴き出したのでおそれをなして作業をやめると、夢枕に立って代わりの石材の在処を教えてくれたそうです。[S] JR中央本線「下諏訪」駅から徒歩20分で諏訪大社下社春宮へ、そこから徒歩5分。

> 神様の次は仏様の石の世界です．もちろん人が石を彫って作った石仏や石像として数が最も多いのは地蔵でしょう．石の地蔵さんとして庶民に広く親しまれており，六道の衆生を導く「六地蔵」とか「子安地蔵」「延命地蔵」などそのバリエーションもさまざまです．自然界にも仏に見立てた石は数多く，以下に紹介するようにこれにも傑作が多々あります．それでは，どうぞ．

石の仏と仏の石

　まずは，単純に「石仏」「仏石」「仏岩」から見てみましょう．最初にご紹介する扉写真の石仏は，長野県諏訪市下諏訪町，諏訪大社春宮の近くにある「万治の石仏」と称される石です．この石は，かつて鳥居になることを自ら拒否し，石から血が流れたといわれます．自然石塊を本体に利用し，巨石を刻んだ頭部を乗せただけの石仏として姿を残しているものです．かの岡本太郎も絶賛したという斬新なつくりです．岩質はこのあたりによくある安山岩でしょう．

　愛媛県大洲（おおず）市に位置する高山寺山（561 m）の中腹に「仏岩（高山仏石）」という高さ4.75 m，幅2.3 mの立石があります．人工的に立てられたような自然石で，岩の前には五輪塔形に石を置いています．岩自体は権現様であるという伝承です．このほか，島根県隠岐島の国賀（くにが）海岸（西ノ島北西海岸）はじめ，各地にも「仏岩」があります．

　このほか，とくに名前を特定しない「仏石」や「仏岩」もあり，その意味もさまざまですが，1, 2紹介するにとどめましょう．たとえば，石川県能登半島先端部の禄剛崎（ろっこうざき）などでみやげ物として売られている「子ぶり石」というのがあります．付近の山地に分布する新第三紀中期中新世の飯田珪藻土層（飯田珪藻泥岩層）中に産出する珪質（石英質）の結核（団塊・ノジュール・コンクリーショ

仏岩（高山仏石）｜愛媛県大洲市に位置する高山寺山（561 m）の中腹に高さ4.75 m，幅2.3 mの立石があります．人工的に立てられたような自然石で，岩自体は権現様であると言い伝えられています．[S] 👞JR予讃線「大洲」駅から車で約20分．

なで仏｜沖縄本島の玉泉洞の第四紀の琉球石灰岩に発達した鍾乳石です．[K] 👞バス停「玉泉洞」（沖縄県玉城村字前川1336）からすぐ．

ン）です．表面は黄灰色で中心部はやや硬く色が濃いのですが，円柱状〜樹枝状のものが多く，これを仏像や観音像になぞらえて「仏石」とも称しています．また，各地の鍾乳石にも同じネーミングが見られ，形が大きくなると「仏岩」と呼ばれます．たとえば，群馬県浅間火山東麓にあり，第四紀更新世末期（ここでは約2万年前）の紫蘇輝石角閃石デイサイト溶岩（安山岩の1種）の流出・固化によってできた仏岩火山体の残存する南東部分の岩塊を「仏岩」と呼びます．これは，天明3（1783）年に噴出した厚さ2 m前後の軽石層に覆われています．

　意味はいまいちわかりませんが，沖縄本島の沖縄県南城市（旧島尻郡玉城村）に位置する玉泉（鍾乳）洞の鍾乳石は仏にまつわる命名がたくさんあります．そ

の1つが写真の「なで仏」です．なで肩だからでしょうか．玉泉洞は，地元では「宇和川壕」と呼ばれかなり以前から知られていましたが，昭和42（1967）年から愛媛大学によって本格的な調査が実施され，全長5000 mに達する日本第2の長さを誇る鍾乳洞として知られるようになりました．他府県の古生代の石灰岩からなる鍾乳洞とは異なり，柔らかな第四紀の琉球石灰岩の中で発達したため，鍾乳石の成長が早いことが特徴です．

　さて，日本の神様の数は八百万といわれますが，仏様の数も13どころではありません（「十三仏」の石については「十三仏にちなむ石」（p.43～）で紹介します）．すべてを岩にかこつけるのは無理なので「万仏岩」を紹介しておきましょう．長野県北東部の飯山市東北方約15 kmに位置する毛無火山の新期噴出物のうち，下部の集塊岩が形づくる岩塊のことです．おもに輝石安山岩溶岩からなり，ほぼ地形に沿った分布を示します．溶岩の下部は暗灰色～灰色で，斜長石の斑晶を多量に含む粗粒の両輝石安山岩で，上部は暗灰色～青灰色で斜長石と輝石の斑晶は少量で小さく，また一般にガラス質となり新鮮で堅硬です．これらが浸食され仏の大群のように見えるものです．

奇岩織りなす仏ヶ浦

　本州最北端に位置する青森県の下北半島は，大きな鉞（まさかり）の形に見立てられますが，その刃に当たる西海岸のほぼ中央に国定公園となっている奇勝「仏ヶ浦」が位置します．ここの岩石は，新生代新第三紀中新世中期の流紋岩質凝灰岩～凝灰角礫岩で，千数百万年前の海底火山の噴出物です．いわゆるグリーンタフ（緑色凝灰岩）の一員で東北～中部地方には割合広く分布しており，東北日本では地質学的にはそれほど珍しい岩石ではありません．もっとも浸食地形は際だっており，次に紹介するように本書の絶好の対象ではあります．

　佐井港を出港してから5分ほどで，佐井村立公園の「願掛け岩」を左に見ます．矢越集落の海岸に位置し，「鍵掛岩」とも呼ばれます．高さ100 mほどの巨岩で圧倒的な質感をもっています．頂上部には凹地があり，矢越八幡宮の社殿が

願掛け岩｜青森県下北半島仏ヶ浦にある高さ100ｍほどの巨岩で，新生代新第三紀中新世中期の流紋岩質凝灰岩〜凝灰角礫岩などからなる浸食地形です．[K] 下北郡佐井村の佐井港から高速観光船で海岸沿いに南下し約5分．

五百羅漢（左）と蓬莱山（右）｜青森県仏ヶ浦にあり，新生代中新世中期の流紋岩質凝灰岩〜凝灰角礫岩などからなる浸食地形です．[左：K，右：S] 佐井港から高速観光船で海岸沿いに南下し約10分．

奇岩織りなす仏ヶ浦

如来の首｜青森県下北郡佐井村仏ヶ浦にある新生代新第三紀中新世中期の流紋岩質凝灰岩〜凝灰角礫岩からなるユニークな浸食岩塊で，如来の横顔に見えます．[S]
🚌 JR大湊線「大湊」駅から車で1時間25分，徒歩10分．

あるそうです．岩の下には，明治40（1907）年佐井小学校に1年間という短い期間でしたが赴任し，ローマ字詩で知られた詩人鳴海要吉の歌碑があり「あそこにも　みちはあるのだ　頭垂れ　ひとひとりゆく　猿がなく浜」と刻まれています．近くには「女願掛け」と称される岩塊もあります．大規模な「夫婦岩」ともいえましょう．

　さらに，南下して福浦崎をまわった仏ヶ浦の海岸に，仏の名にちなむ岩々が鎮座します．いわく「五百羅漢」「親子岩」「にがこ岩」「岩龍岩」「屏風岩」「天龍岩」「如来の首」「双鶏門」「蓬莱岩」「蓮華岩」「蓬莱山」「十三仏」「一ツ仏」「鳳鳴山」と続きます．石ではありませんが，「極楽浜」もあります．ここにかの大町桂月が訪れて「神のわざ　鬼の手づくり　仏宇陀　人の世ならぬ処なりけり」と詠ったそうです．ここで「宇陀（うた）」というのは昔このあたりに住んでいたアイヌの言葉で「浜」を意味し，「仏宇陀」すなわち「仏浜」を表し，今日では「仏ヶ浦」と呼ばれるようになったといいます．次にいくつかお目にかけましょう．

　前頁下の2枚の写真は，まったく同様な浸食地形ですが，違う俗称がつけられています．まず「五百羅漢」です．羅漢というのは，「阿羅漢」の略称で，仏教の究極的真理を究めた仏道修行者の最高位に位置する人たちです．釈迦入滅

一ツ仏｜青森県下北郡佐井村仏ヶ浦にある新生代新第三紀中新世中期の流紋岩質凝灰岩〜凝灰角礫岩からなる円空の一刀彫による仏像を思わせる石塊です．[S]　JR大湊線「大湊」駅から車で1時間25分，徒歩20分．

後，教義などの乱れを防ぐため教法や戒律の編集が行われ，それを第一結集といいますが，その時集まったのが「五百羅漢」なのです．「蓬莱山」というのは，古代中国の伝説で仙人が住むといわれた東海の霊山です．

　数ある仏ヶ浦の岩塊の中でも，他では見られない岩の双璧が「如来の首」と「一ツ仏」です．「如来」というのは仏の美称で，真理の体現者を意味します．微妙な浸食面が横顔をよく表していて秀逸です．「一ツ仏」はまるで一刀彫でつくられたかのようなシンプルな仏像形でこれも見事な自然の造形です．ちょうど首あたりに破断面があり，それがまたアクセントをあたえています．

「十三仏」にちなむ石

　仏ヶ浦の「十三仏」は，いくつかの岩塊の集合を称していますが，本来は各々に意味があります．すなわち，それぞれ異なる徳をもち，初七日から三十三回忌までの追善供養の本尊として霊を導くとされる十三体の仏を十三仏と呼びます．この十三仏の始まりは鎌倉〜室町時代にまでさかのぼり，宗派を問わずに大勢の人々に信仰され今日に伝えられています．現在でも葬式が終わってから隣組の人

が先達になり,この十三仏の名を唱えて故人の冥福を祈る「念仏」とも「百万遍」ともいわれるしきたりが残っている地域があります.したがって,各地にそれぞれにちなんだ岩があります.十三仏とその功徳を学びながら石めぐりをいたしましょう.

●不動明王──初七日忌

　教化しがたい衆生を救うために大日如来が遣わされた憤怒の面貌をもつ仏で,煩悩を焼き尽くし,迷いを断ち切ってくれるといいます.五大明王・八大明王の1つでもあります.右手には魔や災いを打ち払う降魔の剣,左手には悪を縛める羂索（けんさく）という縄をもっています.各地にある「不動岩」は,不動明王を刻んだことに由来する場合と,巨岩のどっしりとした不動の存在感から命名された場合とがあります.まず,岩手県の「不動岩」3例です.

　岩手県の岩手火山山腹にある第四紀の火山噴出物である安山岩質巨岩は「不動岩」と称され信仰の対象とされ,石灯籠や不動明王の石彫などがかたわらに置かれています.

　同じく岩手県遠野市（とおの）にある有名な「続石」に行く途中の枝道に,「不動岩」という巨大な花崗岩塊があります.これは転石ではなく露岩であろうと思われます.岩上に不動尊の小さな石碑が安置されていることから命名されたものでしょう.

　岩手県遠野市巖龍（がんりゅう）神社の「不動岩」は,高さ54mで岩手三景に選ばれています.岩の姿が竜が天に昇っているように見えるからその神社名になったといわれており,古くは旧暦1月8日（現在2月28日）に行う裸祭りで有名です.

　広島県尾道市にある浄土寺山（179m）は,正式には瑠璃山といいます.南麓の浄土寺と海龍寺間から山頂への登山道からの脇道に,不動明王を刻んだ「不動岩」があります.この岩を明治～大正期の児童文学者である巌谷小波（いわやさざなみ）(1870-1933)が「明王を刻む巌や苔香る」と詠みました.このほか,元徳4(1332)年の年号を刻んだ「名号岩」という岩もあります.

　熊本県山鹿市蒲生（やまが）にある「不動岩」は,標高389mの山の中腹から頂上にか

不動岩｜岩手県の岩手火山山腹にある第四紀の火山噴出物である安山岩質巨岩．信仰の対象とされ，石灯籠や不動明王の石彫などが置かれています．［I］　JR東北本線「盛岡」駅から網張温泉行きバスに乗り「御神坂駐車場前」下車．

不動岩｜岩手県遠野市にあり，付近に分布する中生代白亜紀の花崗岩露頭で，岩上に不動尊の小さな石碑が安置されています．［K］　JR釜石線「遠野」駅から車で約15分．

け，天に向かって突き出すようにそびえています．これは5億年以上も前の古生代（オルドビス紀）の「変はんれい（斑糲）岩」（変成作用を受けたはんれい岩．はんれい岩は塩基性粗粒完晶質の火成岩）からできたものです．平安時代より不動明王を本尊として信仰されている岩です．

不動岩｜岩手県遠野市の巌龍神社にあり，高さ54 mで岩手三景に選ばれています．岩の姿が竜が天に昇っているように見えることが神社名の由来だそうです．岩質は中生代白亜紀花崗質岩でしょう．[S] 🥾JR釜石線「鱒沢」駅から車で約10分．

不動岩｜熊本県山鹿市蒲生に位置する山の中腹から頂上にかけてそびえる岩で，古生代初期の変はんれい岩から構成されています．平安時代より不動明王を本尊として信仰されている岩です．[S] 🥾九州縦貫自動車道植木ICから国道3号を北上，国道325号，県道197号を経由して車で約20分．

第3章　ありがたき仏のおわすところ

大仏御殿(左)│沖縄県沖縄本島の玉泉洞の第四紀の琉球石灰岩起源の石筍です．[K]
👞バス停「玉泉洞」(沖縄県玉城村字前川1336)からすぐ．
仏足石(右)│宮城県東仙台の善応寺境内にある花崗岩製の模写です．[K]　👞JR東北本線「東仙台」駅から徒歩約15分．

●釈迦如来──二七日忌

　言わずと知れた仏教の開祖である釈迦です．いわゆる「大仏」です．写真のように御殿に住んでいます．すでに述べた沖縄県沖縄本島の玉泉洞の石筍(せきじゅん)の1つです．第四紀の琉球石灰岩中に発達しているものです．やや細身ですが脇侍を従えた立派な立ち姿です．左手は施無畏(せむい)の印を結び，右手は開かれ，左足を上に結跏趺坐(けっかふざ)する姿勢をとります．この世の真理に目覚めさせ，生命のありがたさに気づかせてくれるのです．

　福岡県豊前(ぶぜん)市吉富町鈴熊の佐井川右岸の水田地帯に盛り上がった鈴熊山に位置する鈴熊寺の北方山麓にあり，釈迦涅槃(しゃかねはん)の形相を刻みつけた巨石は「涅槃石」と呼ばれ，天平6(734)年行基の建立であるといわれています．

　「仏足石」は，釈迦の足跡をかたどったといわれる石で，仏像が普及するまでの信仰対象だったものです．全国各地にあります．一例を示します．宮城県東仙台の善応寺境内にある「仏足石」です．碑文によるとインド・ブッダガヤの菩提樹の下にある本物の模写で，石材も同じものを用いているそうで，直径三尺，高さ一尺です．

これに対して「仏頭石」は天然の鉱物の異名で，石英の微小結晶の緻密な集合体で玉髄(ぎょくずい)のことです．岩石の空洞内面に乳頭～ブドウ状に晶出する様子を釈迦の頭髪になぞらえたものです．

● 文殊菩薩──三七日忌

獅子に乗り蓮華座の上に結跏趺坐し，物事を正しく判断する智慧と徳を授けてくれる菩薩です．広島県安芸郡海田町(かいたちょう)にある大師寺は，月光山と号し，天宝11（1840）年に創建された真言宗の寺で，地元では「海田のお大師さん」として親しまれています．この寺の寺宝として「文殊獅子岩」という自然石があるそうです．その昔，ある農夫が川底から拾い上げた石を自宅の庭に置いたところ，夢に金剛遍照が現れ「この石は，文殊・普賢両菩薩が化現した岩なので寺に納めよ」と告げたので奉納されたものといわれます．

● 普賢(ふげん)菩薩──四七日忌

文殊菩薩とともに釈迦如来の脇侍として補佐します．理知と慈悲の功徳を備え菩薩が乗る6本の牙をもった象は，悪鬼を踏み潰して人々の煩悩を打ち砕き，悟りを求める清らかな心，そして悟りをめざした実践行に導いてくれます．

島根県出雲市立久恵峡(たちくえきょう)にある「普賢岩」は，「袈裟掛岩」とも称され，また，徳島県勝浦郡勝浦町生名の鶴林寺にある「普賢石」は，空海ゆかりのものと言い伝えられています．長崎県島原半島に位置する活火山，雲仙火山の「普賢岳」は先頃の噴火で有名になりました．

● 地蔵菩薩──五七日忌

お地蔵様は庶民にもなじみ深く，各地に傑作があります．まず，次の写真を見てください．三重県三重郡菰野町(こものちょう)の滋賀県との県境に位置する御在所山(ございしょやま)（1212m）の山頂近くにある，地質学的にはなんということのない節理による花崗岩の浸食岩塊ですが，造化の妙とでもいうべきその形状は見事です．白亜紀後期の鈴鹿花崗岩に属する細～中粒等粒状黒雲母花崗岩です．

地蔵岩｜三重県三重郡菰野町の御在所山の山頂近くにある高さ約6mの2本の石柱上に頭部に相当する岩塊が乗っており，見る角度によってあたかもお地蔵さんが立っているように見えます．白亜紀後期の鈴鹿花崗岩に属する細〜中粒等粒状黒雲母花崗岩が節理によって破断した浸食岩塊です．[S] 近鉄線「湯の山温泉」駅から徒歩約80分．

地蔵岩｜北海道礼文島に位置する白亜紀後期の礼文層群地蔵岩層からなる高さ約50mの安山岩〜玄武岩質集塊岩・凝灰角礫岩の岩塊です．[S] 礼文町役場から車で約15分．

「十三仏」にちなむ石

地蔵菩薩は釈迦の入滅後，弥勒菩薩がこの世に現れるまであらゆるものの苦しみを受けとめ，その苦しみに負けない力を授け人々を救済し，幸福をもたらしてくれるそうです．左手に宝珠をもっています．ですから「地蔵岩」は各地にあって信仰されています．代表的なのは，北海道宗谷支庁礼文郡礼文町礼文島西海岸にあり，そそり立つ高さ約50mの岩は海から見た形が地蔵尊に似ていることから「地蔵岩」と名づけられています．白亜紀後期の礼文層群地蔵岩層に属する砂岩泥岩中の安山岩〜玄武岩質集塊岩・凝灰角礫岩が差別浸食で残ったものです．
　このほか，秋田県鹿角市八幡平の湯瀬渓谷にある高さ約15mの地蔵に似た形状の岩塊も「地蔵岩」と呼ばれています．また，群馬県の榛名山山頂近くにある榛名神社（1245年創建）本殿背後の人の立ち姿に似た岩塊は「御姿岩」ともいわれていますが，江戸時代まで神仏習合により「地蔵岩」と呼ばれていたものです．榛名火山の第四紀の輝石安山岩からなっています．岩には洞窟があり，奥に榛名神を祀る場所があります．
　面白いというか，やや罰当たりな命名が「ひねくれ地蔵」です．沖縄本島の玉泉洞の石筍の1つです．やや傾いて発達した石筍をひねくれと称したのでしょう．

●弥勒菩薩──六七日忌

　釈迦の入滅後56億7千万年後に現れ，衆生を救うといわれています．半跏思惟像の形をとります．すべてのものに対する慈しみの心を授けてくれます

●薬師如来──七七日忌

　心身の病苦を除き，健康を授けてくれます．左手には薬壺をもち，右手は高く掲げられ人々をあまねく照らします．日本最大の石製如来像の原型は天明3（1783）年に，大野甚五郎英令が門弟27名とともに3年を費やして千葉県鋸山の現在の地に彫刻完成したものです．当時は御丈八丈，台座とも九丈二尺あり，天下にその偉観を知られていましたが，江戸時代末期になって自然の風蝕による著しい崩壊があり，昭和44（1969）年に至るまで荒廃にまかされていました．

ひねくれ地蔵｜沖縄本島の玉泉洞の石筍の1つで，斜めに立っていることからの命名です．第四紀の琉球石灰岩起源です．[K]
🥾バス停「玉泉洞」(沖縄県玉城村字前川1336) からすぐ．

薬師瑠璃光如来｜千葉県鋸山にある日本最大の石製の大仏です．[S] 🥾JR内房線「保田」駅から徒歩約50分．

　その後，復元工事によって再現した総高31.05 mある名実ともに日本最大の大仏様です．この大仏様は，正しくは「薬師瑠璃光如来」と称し，宇宙全体が蓮華蔵世界たる浄土であることを表したものだそうです．

百尺観音｜千葉県鋸山にあり昭和41（1966）年，6年を費やして鋸山の岩肌に彫られた高さ百尺（30.3m）の大観音石像です．[S] JR内房線「浜金谷」駅から徒歩約75分．

佐貫観音岩｜栃木県塩谷町にそびえる高さ64mの新第三紀の安山岩巨塊で，一説によると弘法大師が彫ったそうです．[S] JR東北本線「矢板」駅から今市・鬼怒川・高徳行バスで約30分，「船生」で宇都宮行バスに乗り換え10分，「佐貫」下車．

●観音菩薩──百日忌

　三十三身に変化して世の中を広く観察し，あらゆる苦しみを除き願いをかなえてくれ，また深い思いやりの心を授けてくれるそうです．

　山形県東置賜郡高畠町二井宿宮下慶昌寺の入口にある「観音岩」は，浸食作用によるもので，付近には縄文・弥生の遺跡も知られています．

　上左の写真は千葉県鋸山（前出）にある「百尺観音」です．「百尺観音」発願の趣旨は，1つには戦没者供養のため，また1つには，近年激増する交通犠牲者供養のためです．山頂に切り立つ，険しい崖に囲まれた雄大な勝地に安置される大観音像は，交通安全の守り本尊として，多くの人々の尊崇を集めています．

観音岩｜大阪府交野市の高さ20m，周囲40mある岩で，上部には観音の字が彫られているので命名されました．岩質は白亜紀花崗質岩でしょう．[S] 🥾学研都市線「津田」駅から徒歩約60分．

みがわり観音｜沖縄本島の玉泉洞の石筍です．[K]
🥾バス停「玉泉洞」（沖縄県玉城村字前川1336）からすぐ．

栃木県塩谷町の鬼怒川沿岸にそびえ立つ高さ64mの一大岩塊の岩面には大如来磨崖仏(まがいぶつ)があり，言い伝えでは弘法大師一夜の御作とされています．「佐貫観音岩」と称され，大正15（1926）年に国の重要文化財に指定されました．付近は新第三紀の安山岩が分布しています．

　大阪府交野市(かたの)には，かつて交野山には岩倉開元寺奥の院がありましたが，今では寺はなくその寺院跡の石標だけが残っています．高さ20m，周囲40mある岩の上部には，観音の種字が2mの大きさに彫られていて，通称「観音岩」と呼ばれています．

　たびたび出てきた沖縄の玉泉洞の石筍に，またもや前頁の写真のような観音に関わる石があります．誰の身代わりとなるのでしょうか．

　その他の仏たちは，石の世界ではあまり見当たりませんので，名前だけここに一括しておきます．勢至菩薩(せいし)（一周忌），阿弥陀如来（三回忌），阿閦如来(あしゅく)（七回忌），大日如来（十三回忌），虚空蔵菩薩(こくぞう)（三十三回忌）です．

第4章
恐れ戦く怪力乱神

妙義山の石門｜群馬県富岡市にあり，日本三大奇勝の1つとされる巨大な石のアーチで，遥かに望む砲台状の岩は，「大砲岩」といいます．新生代新第三紀中新世〜鮮新世の普通輝石紫蘇輝石安山岩質火砕岩からなる浸食地形です．怪力乱神の住む異界への門のイメージがします．[S] 🥾 JR信越本線「松井田」駅から上信バス富岡行き約20分，「妙義神社」下車．一本杉登山口まで徒歩30分．そこから石門登山口へは徒歩約60分．そこから第四の石門まで約30分．

「怪力乱神」とは，ものの本によると「怪しく不思議で，人知でははかり知れないもの」だそうです．「もののけ」「妖怪変化」「魑魅魍魎」の類ですね．「君子は怪力乱神を語らず」だそうですが，筆者らはあえて石の世界の「怪力乱神」を語りましょう．代表例は鬼・天狗・龍・河童…といったところでしょうか．奈良時代から平安時代にかけてさまざまな怪異現象を鬼，天狗や狐などの妖怪のせいと考えましたが，中でも陰陽師たちによって鬼の概念が広められ，対抗して密教僧たちによって天狗が想像され民衆に説かれたといいます．昔の人々の関心も深かったようで，各地にそれらにちなむさまざまないわれの石があります．

鬼にちなむ石

　現存する中で日本で2番目に古い辞典とされる，平安時代に源　順（みなもとのしたごう）（911-983）が編纂した『倭名類聚抄』（わみょうるいじゅしょう）（和名抄）では，鬼は「隠」（おん）がなまったものだといわれます．また，鬼という字の元の意味は「人の死んだ魂」すなわち「死霊」ということでした．本来はその場の条件でさまざまな形状をとる「陰の存在」でした．鬼が日本史上で最初に記述されたのは，『日本書紀』で斉明天皇7（661）年7月，天皇の喪の儀を朝倉山の上から大きな笠をかぶった鬼が見ていたという話です．中世末には，現在の私たちになじみの深い頭に角があり，虎皮の褌（ふんどし）をして鉄棒をもつ鬼の姿が定着しました．

　「鬼石」の類は各地にありますが，鬼の体躯・手足の大きさや力の強さにちなんで命名されたものが多いようです．いくつかご紹介しましょう．

　先に紹介した，青森県下北郡恐山（おそれざん）の宇曽利湖東岸の爆裂火口縁にある高さ約二丈，周囲約四間の巨岩は，「鬼石」と呼ばれます．縁者で地獄に落ちたものがあると，この岩が鬼に見えたといいます．

鬼の差上げ岩｜岡山県総社市にあり，祠を内包し高さ10m以上に達する岩塊の重なりです．鬼が上部の巨岩を載せ挙げたことからの命名ですが，もとはひと続きの岩体が，節理を境に浸食が進み2つに分かれたものでしょう．岩質は，中生代白亜紀の花崗質岩です．[S]　🥾JR伯備線「総社」駅から車で約20分で鬼ノ城へ，そこから車で下って10分，徒歩10分．

　鬼は大変な力持ちと思われていたので，鬼がもち上げた大石や鬼が岩につけた手形や足跡の伝承が各地に数多くあります．岡山県総社市にある「鬼の差上げ岩」は，祠を内包し高さ10mm以上もあります．鬼が載せたとの伝承からその名がついたそうで，近くには温羅の山城とされる「鬼ノ城」があります．

　長野県南佐久郡下，小海線中込駅の西方2.5kmに位置する洞源湖は鯉の養殖のために作られた人工池ですが，その湖畔にある観光荘入口広場脇の桜の木の下に「鬼石」があります．もともとは洞源橋のそばにあったそうです．昔，付近の洞源山貞祥寺（前山城主伴野貞祥が大永元（1521）年に叔父の徳忠和尚を招いて開設）のあたりに鬼が出没して村人に迷惑をかけていたので，徳忠和尚が法力をふるい鬼の腕を落としたそうです．その後，鬼が悔い改めたので腕を返してやったところ，元通りにつながったので喜んだ鬼がその腕でもち上げた石だということです．

鬼も力自慢をするようです．江戸時代，若者たちが力自慢をするためにもち上げた岩塊を「力石」とか「差し石」とか称し，今でもあちこちに残っていますが，鬼の力石もあります．すでに紹介した宮崎県高千穂峡には「鬼八の力石」なるものが川床に転がっています．粗い第四紀の安山岩の大岩塊で，重量約 200 t といわれます．説明文によると，高千穂神社の祭神である三毛入野命が弟の神武天皇と大和に行った後，帰ってきて，悪行をはたらいていた鬼八を退治してこの地を治めたといいます．この時，鬼八が三毛入野命に投げつけて力自慢をした石だそうです．

　長野県蓼科山麓，北山村の路傍にあった鬼の足跡だというくぼみのある石も「鬼石」と呼ばれていましたが，今では寒気のため砕けてしまったということで見ることはできません．科学的にいえば，温度変化による差別的膨縮と水の凍結膨張による物理的風化作用で破片化したということです．昔，蓼科山から鬼が出てきてこの石の上に第一歩を印し，それから鬼場（豊平村村上川畔）まで飛んでいったといい，その時矢で殺されたのでその場所を鬼場と称するようになったともいいます．

　岐阜県可児郡御嵩町，可児川上流次月川支流域の飛騨・木曾川国定公園に属する鬼岩公園に「鬼岩」があります．約 800 年前，この岩山に関の太郎という鬼人が住みつき，近郷の住民や旅人に悪行の限りを尽くしたそうですが，後白河法皇の命を受けた纐纈源吾能康に退治されたことから，その名と岩が一体化したものです．このあたりに広く分布する中生代白亜紀火山岩類である濃飛流紋岩を貫く白亜紀末期の苗木・上松花崗岩に属する粗粒黒雲母花崗岩で，節理が発達しており，浸食されてさまざまな形をとったものです．

　さて，鬼の顔というのは怖いものですが，石の世界ではどうでしょうか．

　石川県加賀市の片野海岸の浸食崖は「鬼岩」と名づけられています．角があり，鼻や顎のはっきりした鬼の横顔をよく映しています．新第三紀中新世前期の尼御前岬層に属する軽石質凝灰岩や礫岩などからなっています．

　山形県南陽市に「鬼面岩」というのがあります．昔，このあたりに住みついた鬼が岩から岩に渡した長い竿に着物を掛けて虫干ししたと言い伝えられていま

鬼八の力石｜宮崎県高千穂峡の川床にある新生代第四紀の阿蘇火山噴出物の安山岩転石．高千穂神社の祭神である三毛入野命が悪行を働いていた鬼八を退治した時，鬼八が投げつけて力自慢をした石だそうです．[K] 🥾 JR 高千穂線「高千穂」駅下車，南西へ約 1.5 km．

す．「鬼面岩」は高さ約 3 m，周囲約 10 m ほどに達する大岩で，これを見た者は長者になるとも，盲目になるとも伝えられています．それにしても，石の凹みを目鼻立ちにすると，見ようによっては可愛らしくも見えますが．

　このほか，愛知県北設楽郡三輪村川合にあるという「鬼石」は，やはり鬼の面のようなので命名されたといいます．想像するだけにしておきましょう．岡山県姫路市の「鬼石」は，もともと毎年惣社で鬼遣の行事の時，修行の石座とする石で，他の者は腰をかけないことになっているそうです．同じく岡山県吉備郡足守の西にあったというのが「鬼の石」です．ちょっと面白いいわれがあります．昔，この地方に鬼が住んでいました．ある日女が鬼に追われた時，この石に着物を打ちかけて逃げたところ，鬼はそれを女と思い込み抱きついたため石の下の方へ穴が開いたというものです．長崎県雲仙市小浜町の小浜温泉街の北東方約

鬼岩｜石川県加賀市の片野海岸の浸食崖上部で鬼の横顔をよく映しています。新第三紀中新世前期の尼御前岬層に属する軽石質凝灰岩や礫岩などからなっています。[S]
🥾 JR 北陸本線「大聖寺」駅から車で約 30 分.

鬼面岩｜山形県南陽市にあり，鬼が岩から岩に渡した長い竿に着物を掛けて虫干ししたと言い伝えられる高さ 3 m，周囲約 10 m ほどの大岩で，岩質は新第三紀の安山岩質火砕岩らしい．[S] 🥾 JR 奥羽本線「赤湯」駅から車で約 20 分.

60

第 4 章　恐れ戦く怪力乱神

2 km に位置する畑中にある島原半島一といわれる長さ 12 m, 幅 11 m, 厚さ 6 m, 広さ 6 m², 重さ 4800 t の安山岩質の巨岩も「鬼石」と称されています. 雲仙火山噴火時に落下したものと伝えられていますが, いつの時代の噴火なのかは不明です. 地蔵尊が安置され, 昔から石の霊が宿っているとしてこの石を割ったりする里人はいなかったといいます.

鬼が印したという「鬼の手形石」「鬼の足跡石」なども各地に言い伝えられています.

岩手県の県名のもとになった岩手山（2041 m）は県下最高峰の円錐状火山です.「イワテ」は,「イワ」（岩）「デ」（出）で, 火山の溶岩流末端に生じた小丘の意味であるとする説もあります. 伝承によれば, その昔, この地方に住みついた悪鬼が住民に害をなしていたところ, 岩手山が噴火し飛んできた岩石に退治され, その岩石に手形を押してあやまった, つまり岩に手形で岩手という地名になったというものです. そこでこの石を「神石」とも呼ぶそうです. 次に述べるようにいくつもの言い伝えがあります.

県庁所在地である盛岡市三割の東顕寺境内三ツ石神社に, 3 つの巨大な花崗岩塊が鎮座しています. これらは,「鬼の手形（石）」といわれます. これらの岩塊は, 高さ約 6 m あり, 残りの 1 つはやや小ぶりです. 一説によると, 盛岡市北西に位置する岩手山が噴火したとき飛来したと伝えられていますが, 怪しいというか間違いでしょう. 岩手火山の基盤は, 主に玉川溶結凝灰岩（第四紀更新世で, ここでは約 200 万～100 万年前の噴出）です. ところが, これらは花崗岩でしかも巨塊です. 径 10 cm 以下の暗色のゼノリス（捕獲岩）が散在しています. さらに基盤深部に花崗岩が伏在し, それが噴火時に放出されたという可能性もわずかにありますが, それにしても巨大すぎます. おそらく, 周辺に分布する白亜紀花崗岩質深成岩から由来の河川の運搬による残留巨礫でしょう.

その昔, 羅刹という鬼が悪行をなし里人が難儀していたところ, 三ツ石神が鬼を捕らえ石の中に閉じ込めようとしたと言い伝えられています. 鬼がお詫びの印にと岩に手形を押し, 以来「岩手の里」と呼ばれるようになったそうです. 別の言い伝えでは, 坂上田村麻呂の蝦夷征討時に 3 人の蝦夷の酋長が起伏して, 二

鬼の手形（石）｜岩手県盛岡市三ツ石神社にある，中生代白亜紀の3つの花崗岩塊．最大高さは約6m．鬼についてのさまざまな言い伝えがありますが，鬼が押した手形の跡というのは今でははっきりしません．注連縄だけでなく厳重に鎖もかけられています．［K］ 👞 JR東北本線「盛岡」駅前からバスで「本町通一丁目」下車徒歩5分．

度とこの地方に来ないという証におのおの大石を立てて石の表面に手の形を印し置いたともいいます．よって，その地名を「不来方（こずかた）」というようになったともいいます．慶長年間（1596-1615）に南部信直が不来方城を築き，城下町として整備されてきました．また，「三割の村」というのもこれに由来するそうです．鬼の退散を喜んだ里人たちが，この三ツ石のまわりを「さんささんさ」といって踊りまくったのが「さんさ踊り」の始まりといわれています．

　こうした話は他所にもあり，たとえば，長野県下伊那郡豊丘村佐原にある御手形諏訪神社のご神体である花崗岩塊は「御手形石（みてがたいし）」と呼ばれます．周辺に分布する中生代白亜紀の領家花崗岩類に属し，地上部は80×60cm程度の平たい形状をなしています．この石の上の凹みを1つはげんこつ，他は平手の手形だとみなしています．大昔，諏訪大社の祭神である建御名方命（たけみなかたのみこと）と武甕槌命（たけみかづちのみこと）が押したと言い伝えられています．そのいわれは古事記伝承で，八百万の神々がいる高天原から出雲の大国主命に国を譲るよう使者が来た際，大国主命は受諾しましたが，

子の建御名方命は受け入れず，高天原から使わされた武甕槌命と戦ったのですが敗れて逃げる途中，佐原で追いつかれついに帰順したそうです．その誓いに両神が石に手の跡を印したものといいます．他の説では，「鬼の手形」だともいい，天竜川対岸の高森町にも「鬼の手」という石があるといいます．これは，鬼が天竜川をまたいで両岸に手をついて水を飲んだときについた跡だという壮大な言い伝えがあります．

　次は鬼の足跡です．たとえば，岩に印された足跡も各地にありますが，やはり鬼らしく雄大で，地形にもなっています．たとえば，長崎県壱岐島（いきしま）は鬼にかかわる伝承も多く，百合若伝説では，「木の葉隠れ」という子鬼の助力で島の鬼を退治したといわれます．「木の葉隠れ」を祭ったのが郷ノ浦町武生水（むしょうず）の天手長男（あまのてながお）神社で，鬼が百合若に投げつけた「太郎つぶて」「次郎つぶて」が海岸に残っているそうです．郷の浦町牧崎にある新生代第四紀更新世の玄武岩中にできた海食洞の奥が陥没してできた入り江状の凹地や，同じく壱岐島の勝本町辰の島にあり，砂岩泥岩互層からなる新第三紀中新世勝本層の垂直節理が波食によって広がった洞の奥が陥没してできた凹地などが，「鬼の足跡」と称されているほどです．

　さて，鬼はどこに住んでいたのでしょうか．「鬼は人の心の闇に住む」といいますが，石の世界では，島，城や岩屋などに住みます．桃太郎童話の鬼が島は有名です．香川県高松市にも「鬼ヶ島」（女木島（めぎしま））があり，今では観光名所となっています．白亜紀の花崗岩を石材として切り出した跡を鬼の住処に見立てたものです．

　一般に火山岩分布域は，浸食を受けた溶岩や火砕岩が大規模な奇岩を呈し，「鬼ガ城」（おにがじょう・おにがしろ・きがじょう）と呼ばれることがよくあります．たとえば，秋田県鹿角市（かづの）と田沢湖町の境界にそびえる活火山である焼山（標高1366m）は，明治20（1887）年に西側火口で爆発し，その後も昭和24（1949）年，25（1950）年にも小爆発しました．その結果，東西約1km，南北約0.6kmの旧火口の中に大小2つの新火口ができました．この2つの新火口をもつ中央火口丘は安山岩の溶岩がそそり立ち，「鬼ヶ城」とも呼ばれます．

　また，先に述べた岩手県にある岩手火山は，前期更新世（約150万年前）か

鬼ヶ城｜岩手県にある西岩手火山の火口壁で，第四紀の安山岩溶岩・火砕岩からなっています．[I] 🚗国道 46 号線の繋十文字から小岩井農場・網張温泉方向へ向かい御神坂駐車場へ．東北自動車道の最寄りインターは盛岡 IC および滝沢 IC．JR 東北本線「盛岡」駅からは岩手県交通バス網張温泉行きに乗り「御神坂駐車場前」下車．いくつもの登山ルートがある．

ら現在まで活発に活動しています．岩手山は，その東側で 1686（貞享 3）年のマグマ噴火（過去 6000 年間で最大），西側で約 3200 年前の水蒸気爆発（過去 7400 年間で最大）などが知られており，平成 10（1998）年に一部活動が活発化したことは記憶に新しいところです．安山岩溶岩・火砕岩からなるその火口壁の一部が，やはり「鬼ヶ城」とも呼ばれています．

　さて，このほかにも成因のいろいろな「鬼ヶ城」があります．いくつか言及しておきましょう．長野県の群馬県境に近い角間渓谷にある差別浸食でできた奇岩群の 1 つで，「鬼の門」の上流に位置する尾根上の末端に独立した岩峰も「鬼ヶ城」と呼ばれています．凝灰角礫岩の硬い溶岩部が差別浸食によって残ったものです．同じく，長野県安曇村の乗鞍岳東麓の梓川支流の湯川に面した白骨温泉は石灰岩層を貫いて噴出するため，石灰が沈着することで有名でしたが，この温泉の下流にも「鬼ヶ城」の奇岩があります．三重県熊野市木本町に位置し，国道 42 号線大泊の南西，熊野灘に面した約 500 m の岩石海岸部は，浸食に弱い新第三紀中新世（約 1500 万年前）の熊野酸性岩に属する流紋岩（石英粗面岩）が分

布し，波による浸食と岩石中に発達する割れ目に影響されて多くの海食洞や海食崖，波食台が形成されています．この海食洞の1つを「鬼ヶ城」と称しますが，他にも「千畳敷（鬼の岩屋）」「鬼の見張り場」などの奇岩・奇勝が多く散在します．「鬼ヶ城」では，海食洞は海面上数mから30m付近まで何段にもわたって発達しています．これは，海面近くで形成された海食洞が間欠的に隆起していったことを意味します．つまり，高い位置にある海食洞ほど古いものだということになります．「動かざること大地のごとし」といいますが，長い地質学的時間の中では「万物は流転」するわけです．一説によりますと，平安時代初期の桓武天皇の頃，熊野の海賊であった多蛾丸の本拠があり，これを坂上田村麻呂が征伐したといいます．つまり，海賊を鬼に見立てたのでしょうか．

　古代山城を鬼の城に見立てたものも各地にありますが，最も有名なのは岡山県総社市(そうじゃし)の「鬼ノ城」です．古代吉備地方の中心地である総社平野の裏手にあたり，吉備高原南端に位置する鬼城山(きのじょうざん)（397m）の逆すり鉢状の地形を生かして城壁が築かれており，城内の面積は約30haもある雄大なものです．主に白亜紀の花崗岩からなっていますが，城壁内外に敷き詰められているのは，板状に割れやすいアプライトと呼ばれる花崗岩の仲間です．日本の古代山城では，ここ以外ではこのような敷石は見つかっていません．

　一方，「鬼の岩屋」も各地にありますが，大部分は古墳の横穴式石室の俗称です．大分県別府市北石垣の国指定史跡の名称は，そのものずばりの「鬼の岩屋古墳」です．6世紀後半の築造と推定されています．熊本県下益城郡松橋町(ましきぐんまつばせまち)と宇土(うと)市との境界付近に宇賀岳と呼ぶ60mあまりの丘陵上にある6世紀頃築造の巨石横穴式装飾古墳は，県の史跡に指定されています．その横穴式石室が「鬼の岩屋」と俗称されています．奥壁と左右の壁に円文・三角文などの線刻があり，色彩もわずかに残っていて，奥壁に2個の刀掛突起があるのが特徴的です．先に述べたように，鬼の伝説が多く残っている壱岐の辰ノ島には「国分の鬼の岩屋」をはじめ「鬼の岩屋」と称されるものがいくつもあります．いずれも当時の島の支配者の墓であった古墳跡で，横穴式の石室をもっており，これがその巨大さから鬼の住処とされたものです．

宮崎県宮崎市の北方約25 kmに位置する西都市に，わが国最大級の西都原古墳群があります．南北約4.2 km，東西約2.6 kmで，300あまりの古墳が密集しています．その中で1基だけ，横穴式石室をもつ円墳（高さ6.8 m，周囲162 m）があり，「鬼の窟」といわれています．石室の石材は，都農町名貫川上流から運ばれたと推定されています．高天原から地上に降り立った天孫ニニギノミコトの御陵もここにあるといわれ，男狭穂塚と称されています．おそらく5世紀頃このあたりを支配した豪族の墳墓とみなされています．

　秋田県男鹿市男鹿半島寒風山の中腹に「鬼の隠れ里」があります．かつては鬼が石を積んで住処としたと伝えられています．第四紀後期更新世に噴出した寒風火山噴出物である寒風山安山岩の溶岩塊です．ここでは「寒風石」ともいっています．江戸時代中期に神仏の石像や家屋の土台石として使用され始め，明治時代以降は墓石や間知石として多用されました．堅牢で熱に強く加工が容易なので，現在でも庭石などによく使用されています．

　住処に家を建てるには材料が必要です．熊本県水俣市湯出の湯の鶴温泉の東側約2 km，湯出川支流の芦刈川上流にかかる大滝の近くに「鬼の材石」があります．昔，鬼が家を建てる材料にしようとしたという伝説がある，新第三紀後期の柱状節理の発達した安山岩〜玄武岩です．

　立派な家屋敷には門がありますが，鬼にちなむ石にもあります．たとえば，長野県群馬県境に近い角間渓谷にある差別浸食でできた奇岩群の1つに「鬼の門」があります．柔らかい凝灰岩〜凝灰角礫岩の平らな岩層が側方浸食を受け，上下の硬い溶岩層より深く削られ，横穴を作りました．さらに浸食が進んで天井部が落下し石門状になったものです．天井の高さ約2.5 m，左右の幅約20 m，奥行約10 mもあります．近くに岩屋観音があり，昔，毘邪王という巨魁に率いられた鬼どもが巣くっていましたが，坂上田村麻呂に征伐され，その後，村人が谷の平穏を祈って観世音菩薩を祀ったとの言い伝えがあり，付近の奇岩に鬼のつく名称のあるものが多いのです．

　このほか，鬼にちなむ石として有名なのは，群馬県吾妻郡嬬恋村鎌原の「鬼押し出し岩」でしょう．天明3（1783）年8月5日，浅間山の天明の火山噴火最

鬼の隠れ里｜秋田県男鹿市男鹿半島寒風山の中腹にある第四紀後期更新世の安山岩溶岩が風化して塊状を呈しているもの．[S]　国道 101 号線を船越から脇本方面へ行き，脇本消防署前交差点を右折．踏切を渡って 5 分くらい行くと寒風山パノラマライン入口があり，寒風山を羽立・北浦側へ進んだ先にある．道路より徒歩約 10 分．

後の事件として前掛山頂火口から短時間に流出した塊状溶岩です．含かんらん（橄欖）石普通輝石紫蘇輝石安山岩という岩質は，そのもととなった珪酸分が相対的に少ないので，流動性に富んでいることを示唆します．その結果，分布面積 6.8 km^2，末端部の厚さは 50 m 以上もある溶岩流となったのです．この石の名前の由来は，鬼が火口(ほくち)で溶岩を吹き出しているという村人の言い伝えにちなんでいます．

　国の内外，家庭の内外を問わず，人と人の間に争いが絶えません．鬼と人の間にも「桃太郎の鬼退治」を持ち出すまでもなく，争いの歴史がありました．すでにいくつか紹介していますが，ほとんど鬼が悪さをしていることになっています．しょせん，歴史というものは勝者の正義にもとづくものだからでしょうか．石の世界でも同様ですが，ここでは鬼との争いに絡むちょっと変わった岩の一例を紹介するに止めておきましょう．それは岡山県の「矢置岩(やおきいわ)」です．崇神天皇の

時代に百済の王子といわれた温羅が吉備の国吉にやってきて,総社市新山近くの岩屋山に城を構え,周囲に多くの迷惑をかけたといいます.大和朝廷に逆らう者として鬼に見立てられ,征伐の対象となりました.しかし,都から何度も退治のための軍隊が送られましたが,打ち負かされてしまいました.そこで五十狭芹彦命が派遣され,吉備の中山に陣を敷いて戦うこととなりました.しかし,いくら相手に矢を射ても両者の矢が途中で食い合い相手に届かず,押され気味となりました.夢枕に立った住吉大明神のお告げにより,鏑矢を一度に2本射ることによって温羅の左眼に当てることができ,これを契機に勝利を収めることとなりました.「鏑矢」というのは,木や鹿の角などで表面に数個の孔をあけ,中空にした蕪の形を作り矢の先につけたもので,矢が飛ぶとき高い音を立てるものです.この時,命が鏑矢を置いたといわれる大岩が,吉備の中山の麓にある五十狭芹彦命改め吉備津彦命を祀った吉備津神社境内にあり,「矢置岩」といわれているものです.

さて,人には人の生活があり,鬼にも鬼の生活があります.身過ぎ世過ぎに日々追われるのは人も鬼も変わりはありません.まずは鬼の食生活からです.

愛知県南設楽郡鳳来町にそびえる鳳来寺山は,標高684mの岩山です.昔は桐生山(霧生山)と呼ばれましたが,大宝3 (703)年の鳳来寺建立後,いつしか鳳来寺山と呼ばれるようになりました.付近は設楽堆積盆地に分布する前〜中期中新世の設楽層群に属する砂岩・粘板岩・泥灰岩の上に流紋岩・石英安山岩の溶岩や火砕岩層が重なり,山頂部はガラス質の「松脂岩」(一種の凝灰岩)からなっています.これらが,風化,浸食によって多くの奇岩を生じ,その中に「鬼の味噌倉」「鬼の酒倉」と呼ばれる岩があります.昭和6 (1931)年に天然記念物に指定されました.石の世界の鬼の食料倉庫というわけです.これは,まあ副食,飲料や調味料ですが,鬼の主食は人肉といわれています.いずれにしても,料理のためにまな板が必要です.奈良県高市郡明日香村野口の飛鳥駅近く吉備姫王の墓の東方に「鬼の俎板」と称される石塊があります.御所市から多武峰に通ずる道の上下にある大きな石造物のうち,上にある方です.昔,ここに住んでいた鬼が往来の人々を捕らえてまな板で料理したという言い伝えがあり

ます．実際には，欽明天領陵の陪塚の横穴式石槨の基底をなす花崗岩巨石です．

　食べるには当然食器が要ります．鳥取県岩美郡岩美町岩井の岩井小学校の校庭にある長径 3.64 m，径 2.4 m，高さ 1.06 m の巨石は，お椀状を呈しているため「鬼の椀」と呼ばれています．この実体は，7 ～ 9 世紀に当地にあった彌勒寺の五重塔の心礎とみなされています．礎石中央部には，直径 77.5 cm，深さ 32.7 cm の柱穴があり，さらに穴の底面に仏舎利を納めた直径 20 cm，深さ 14.2 cm の穴があけられていました．

　ご馳走を前にすれば鬼の舌も震えます．島根県仁田郡仁多町三成にその名も「鬼の舌震い県立自然公園」があります．斐伊川支流の馬木川の中流約 3 km に及ぶ白亜紀～古第三紀の花崗岩～花崗閃緑岩が浸食された V 字谷を「鬼の舌震い」と称します．しかし，実はこの名前の由来は，『出雲国風土記』戀山の記述の中に「ワニが玉日女命という美しい女神を恋い慕う」とあり，この「ワニのしたふ」が転訛したものだそうです．単なる言い違えですかと，ちょっとがっかりしますが，風景は見事なものです．昭和 2（1927）年に国の名勝および天然記念物の指定を受け，さらに，昭和 39（1964）年には，県立自然公園として指定されました．岸辺には，「大天狗岩」「小天狗岩」の絶壁が連なり，河床には，「はんど岩」「亀岩」「千畳敷岩」「船岩」「烏帽子岩」などもあり一見の価値があります．

　さて，尾篭な話ですが天然のことわり，当然の生理として，食べれば出ます．鬼も例外ではありえません．前に述べた「鬼の俎板」の片割れで「鬼の雪隠」があります．やはり奈良県高市郡明日香村で御所市から多武峰に通ずる道の下側にある，欽明天領陵の陪塚の横穴式石槨をなす花崗岩巨石です．いわれでは昔，ここに住んでいた鬼が往来の人々を捕らえて食らった後，用を足した所というものです．昔の人はよく考えたものです．

　鬼も汚れた衣類は洗濯したようです．宮崎県の日南海岸国定公園北端に位置する青島は，周囲 1.5 km ほどで最高点の海抜約 2 m の平坦な島ですが，干潮時には島の周囲と日南海岸戸崎鼻から巾着島に至る海岸部に幅約 20 ～ 100 m にわたって「鬼の洗濯板」が現れます．これは「青島の隆起海床と奇形波喰痕」とし

鬼の洗濯板｜宮崎県青島周辺に分布する新第三紀中新世最後期の宮崎層群青島層に属する砂岩泥岩互層からなる波食棚です．[K]　JR日南線「青島」駅から徒歩約10分．

て昭和9（1934）年，国の天然記念物に指定されました．新生代新第三紀中新世最後期（下位の内海部層最上部の凝灰岩の年代値が約600万年前）の宮崎層群青島層の緩く傾斜した砂岩泥岩（頁岩）互層が浸食され，浸食に対する抵抗力の違い（泥岩部が弱い）から洗濯板状の形状を示してできた波食棚です．かつて海面下にあったものが隆起し，波食されたものです．現地の看板の説明文で「新第三紀（三千万年から百万年前まで）」とあるのは不正確です．「新第三紀」は，「約2330万年前〜164万年前まで」とすべきです．神代の昔，海幸彦，山幸彦で知られたヒコホホデミノミコトが海神国からの帰途，ここに上陸したとの伝説もあるそうです．

　他にもあります．千葉県鴨川市太海浜の仁右衛門島船付場周辺一帯は，新第三紀前期中新世の保田層群の塊状凝灰質砂岩からなる標高3m前後の低平な地形で，やはり「鬼の洗濯板」と称されています．これは，関東地域を襲った海域の

大地震のたびに隆起した（元禄16（1703）年の元禄地震で約3m，大正12（1923）年の関東地震で1m弱）かつての海食台です．

鬼も衣服だけでなく体が汚れれば，風呂にも入るのでしょう．東京都西多摩郡日の出町の日の出山（902m）南麓に位置する養沢鍾乳洞の鍾乳石の1つに「鬼の風呂」があります．まさに岩風呂です．西南日本は，東西性の大断層である中央構造線によって日本海側の内帯と太平洋側の外帯に大きく二分されます．外帯を構成する帯状の地質区の1つである秩父帯に分布する中生代ジュラ紀の川井層に属する石灰岩です．

天狗にちなむ石

天狗は，本来人間界と隔絶した深山に棲み，空中を飛行し，変化したりする山の支配者として人間から畏怖される存在でしたが，後に人間との交渉を重ねる過程で一部道化的な存在にもなってしまいました．もっとも，鼻が高く赤ら顔で背に翼をおい，山伏姿で高下駄を履き金剛杖や羽団扇をもつイメージは，修験道と天狗信仰が習合した平安時代中期以降のことでした．それだけ石の世界でも幅をきかせています．まずは，「天狗石」「天狗岩」の類から始めましょう．各地にありますので当然岩質もさまざまです．本州の北から紹介していきましょう．

青森県上北郡十和田湖町の奥入瀬（おいらせ）渓流は，カルデラ湖である十和田湖とともに国の特別名勝・天然記念物に指定されている有名な景勝地です．明治の文人大町桂月は「奥入瀬をみずして，十和田湖をみたりといふべからず」といったそうです．十和田湖唯一の流出河川である奥入瀬川の焼山～湖畔子ノ口（ねのくち）間の約14kmを指します．同じく桂月が「住まば日の本　遊ばば十和田　歩けや奥入瀬三里半」と詠んでいます．第四紀後期の十和田火山噴出物である玄武岩質安山岩～安山岩溶岩・火砕岩が，浸食によってさまざまな奇岩を生じています．その1つに「天狗岩」があります．

岩手県北上（きたかみ）市和賀町の夏油（げとう）温泉近くにある石灰華からなる高さ約17.6m，下底部の直径約25mの円筒状岩塊の大きなドームが，「天狗の岩」と名づけられ

ています．周囲には，延長1,335 m，幅30 mの炭酸カルシウムからなる石灰華の段丘が分布しており，昭和32（1957）年に国の特別天然記念物に指定されました．

　山形県山形市の有名な観光スポットでもある立石寺の土台をなす海底火山活動の産物であるデイサイト火砕流堆積物である軽石凝灰岩よりなる奇岩の1つにも「天狗岩」があります（次頁写真矢印）．地層は新第三紀中新世の山寺層で，上部の20～30 cmほどの厚さの部分は，細粒凝灰岩で直径0.5～1.0 cm程度の火山豆石を含みます．これは，火山の爆発的な噴火によって空中高く吹き上げられた火山灰に水蒸気が濃集して，浅い水域に降下堆積して形成されたものであることを示します．天狗に似た石という意味ではなく天狗が棲んでいたような険しい地形にちなんだ命名でしょう．「天狗岩」は，また「天華岩」とも称されます．現在ではこの岩に登ることは禁じられています．

　長野県中野市の「天狗岩」は，20～30万年前に活動した高社（こうしゃ）火山の輝石安山岩溶岩からなり，同県蓼科山にある「天狗岩」は，大勢の天狗がこの上に集まって蓼科明神の命令で世の中の善悪を問いただすところであると信じられているといういわれがあります．長野市の飯綱山（飯縄山，1917 m）には，皇足穂（すめたりほ）神社（飯綱大権現）が鎮座し，その南麓に広がる飯綱高原とともに中世山岳宗教の修行場であり，飯綱忍法発祥の地ともいわれます．このあたりに「天狗の岩」「行者の岩畳」「天狗の硯岩」などがあります．北安曇郡松川村神戸原（ごうどはら）扇状地の要の位置にある長径10 mほどの巨岩も「天狗岩」と称され，安曇節に「山の錦を屏風に立てて　鼻が高いよ　天狗岩」と歌われています．西側の北アルプスの花崗岩由来の転石で，正式には昭和6（1931）年に村議会で「大岩」と決められたといいますが，現地や国土地理院の地図では「天狗岩」という名称が使われています．さらに，現地には「天の岩戸」の表示さえあります．南佐久郡八千穂村の千曲川沿いには古生層のチャートからなる高さ約100 mの急崖があり，「天狗岩」と称されています．明治17（1884）年の「秩父事件」の激戦地で，困民軍側は「天狗岩」下で死者13名，逮捕者60名余を出しました．長野県上諏訪町大和にあるといわれた岩塊は，天狗に似ているからとか，天狗がこの石の上に降

天狗岩｜山形県山形市の立石寺付近に分布する新第三紀中新世の山寺層に属する軽石凝灰岩よりなる奇岩の1つで「天華岩」とも称されます．[K] 🥾JR仙山線「山寺」駅下車．徒歩10分で遠望できる．

りるからだとかいうあやふやな言い伝えから「天狗石」と称されたそうです．

　山梨県御岳昇仙峡の「天狗岩」は，新第三紀中新世の黒雲母花崗岩からなり，同県北端部川俣川渓谷の「竜泉峡」のものは，泥流質堆積物からなります．

　埼玉県の「天狗岩」は，岩に自生する植物が主役です．たとえば，秩父郡吉田町北方の吉田川支流の阿熊川上流左岸，海抜300m付近の岩壁・壁面にムカデラン・イワヒバなどが混生して自生しており，県の天然記念物に指定されています．比企郡玉川村のある北東部にある高さ約150mの絶壁頂部の大岩である「天狗岩」には，この周辺に暖地性の常緑シダであるウラジロが群生し，県の天然記念物に指定されています．この北方約18mに「小天狗岩」があります．

　群馬県沼田市の三峰山（約1000m）9合目付近で月夜野町側山道に入った地点に位置する2つの巨石も「天狗岩」と称されます．周囲の火山を構成するのと同様の第四紀の輝石安山岩からなっています．天狗が履いたという一本下駄が奉納されています．

　岡山県苫田郡奥津町の大釣温泉から奥津川沿いに奥津温泉に至る長さ約3kmの奥津渓谷にある「天狗岩」の岩質は，白亜紀〜古第三紀初期の貫入岩である奥津花崗閃緑岩岩体に属する中粒角閃石黒雲母花崗閃緑岩です．

　大分県大分市乙原の立石山南東腹，朝見川の支谷にかかる乙原の滝に向かい合う巨岩も「天狗岩」と称されます．役の行者の修行場所であったといわれ，このあたりに広く分布する第四紀安山岩溶岩からなっています．

天狗岩｜群馬県沼田市の三峰山に位置する2つの巨石で，新生代第四紀の輝石安山岩からなっています．［S］　JR上越線「後閑」駅から車で三峰山登山口30分，さらに徒歩15分．

　鹿児島県串木野市北東境に位置する冠岳（標高516 m）は，孝元天皇の治世時に不老不死の妙薬を求めよとの秦の始皇帝の命を受けた徐福が来日し，この山に登って冠を捧げたという伝承にその名が由来します．南東麓を流れる五反田川支流の渓谷の「天狗岩」は，新生代新第三紀の安山岩類が浸食を受けて形成されたものです．

　さらに南に下った沖縄県北大東島東海岸にある「天狗岩」は，新生代第四紀の琉球石灰岩からなる岩塊です．このほかにも各地にありますが，書ききれないのでこのあたりで筆を置きましょう．

　次は天狗にちなむ石の紹介といきましょう．なんと「天狗の卵」というものがあるそうです．京都府の鞍馬山尾根から貴船へ下る山道に散在する楕円体状の石塊をいいます．これが事実なら，天狗は哺乳類ではないことになります．実体は，付近に分布する火成岩の1種である石英閃緑岩がタマネギ状風化して母岩から抜け出たものです．これは，地表で風化を受けた岩石（火成岩や細粒砂岩）が，まるでタマネギの皮がむけるように，さまざま同心円状の薄殻となって表面からはがれていくために生じた多殻球状のものです．

民俗学者柳田國男（1875-1962）の『遠野物語』は有名ですが，ここにもさまざまな石の俗称があります．岩手県下，JR釜石線遠野駅を降りて盛岡方面に向かいます．この付近は，地質的には次に述べるように花崗岩分布域で，さまざまな天然・人工の石塊もほとんど花崗岩です．とくに遠野花崗岩体は，露出面積615 km^{2}に達する北上山地最大規模の白亜紀深成岩体です．岩質的には，おもに石英閃緑岩・トーナル岩・花崗閃緑岩からなっており，若干の塩基性岩を伴います．また，遠野花崗岩体の珪酸 SiO$_2$ の含有量は 54〜75% と広範囲なのが特徴です．構成鉱物などの配列方向からしずく状の断面形状をもつことが推定されています．これが浸食風化ないし人工的に削られて，以下の俗称をもつ石群をなしているのです．遠野は，また河童の里としても知られていますが，天狗にちなむ石の話もあります．羽黒権現を祀っていたこのあたりにあった「羽黒岩」が，坂上田村麻呂がエゾの宮武を射った矢の鏃（やじり）が食い込んでいるといわれる「矢立松」と丈比べをしたところ，石の分際で樹木と争うなどけしからんと天狗に下駄で蹴られて，上の部分が欠けてしまったということです．理不尽な話ですが，その下駄を近年，石で復元（？）したものまであります．

　次は，天狗の体にちなむ石を紹介しましょう．まず頭です．岩手県盛岡の東南40 kmほどの早池峰山（はやちねさん）を中心とした一帯は，東西24 km，南北4 kmにわたって超塩基性岩体が分布します．かんらん岩を主とし，輝岩・角閃石岩・はんれい岩を伴い，かんらん岩は蛇紋岩化しています．北上山地南部型（輝緑凝灰岩帯）と北上山地北部型（千枚岩帯）の古生層（おもに二畳系）を境する早池峰構造帯に沿って産出し，早池峰超塩基性岩体と称されています．山体の上部を構成するかんらん岩〜蛇紋岩には，浸食による奇岩が多く，その1つに天狗が頭を打ちつけたため凹んだという言い伝えがある「打石」（ぶずえいし）があります．痛かったでしょうね．山形県南村山郡山元村では一種の粘土であるベントナイトのことを，水を加えると膨潤して糊状になることから「天狗の鼻汁」と呼ぶそうです．

　「天狗の爪」というのは，カルカロドンやメガロドンという古代の巨大な鮫の歯の化石です．大きさが12 cmに達するものもあり，このクラスでは鮫の体長は20 mにもなるといいます．鮫の歯は，顎の内側に重なり合って密生し，歯が

天狗の下駄石（左）と羽黒岩（上）｜「天狗の下駄石」は岩手県遠野にあり，天狗に関わる伝説がある（遠野物語拾遺第10話）石です．「羽黒岩」は長さ（元の高さ）が約9mの中生代白亜紀の花崗岩塊です．[K]
JR釜石線「遠野」駅から徒歩30分．

折れても内側から新しい歯が次々出てくる仕組みなので，この歯の化石は各地の中新世～鮮新世の地層から産出します．たとえば，岩手県平泉の中尊寺や神奈川県江ノ島の弁財天に10cmほどのものが宝物として保管されています．神奈川県藤沢の遊行寺（ゆぎょうじ）では天狗が落とした爪という寺宝となっているほどです．

くわしいいわれは不明ですが，「天狗の腹切り石」というのがあります．群馬県の上信電鉄上州福島駅からバスで轟下車，南東へ約1kmの山麓部に位置する宝積寺（ほうしゃくじ）境内にあるそうです．宝積寺は，宝徳年間（1449～1452）の開基といわれますが，天狗と何の関係があるのでしょうか．

長野県小県郡（ちいさがた）武石村（たけし）下武石区宮山の南麓にあった「アカ岩」には下から上にかけて凹みがあり，これを伝って天狗が岩上に上ったといいます．これは「天狗様の足跡」といわれたそうです．

体以外にも天狗にちなむ石があります．「天狗のつぶて」というのは，団塊状の白鉄鉱が，表面から酸化・褐鉄鉱化し，内部には若干の白鉄鉱分が残っているもので，火中に投じると爆音を発して飛び散ることからこのように俗称されています．白鉄鉱は，硫化鉄FeS_2を成分とする斜方晶系の鉱物で，低温熱水鉱床や泥質堆積岩中に団塊として産出します．「天狗の握り飯」とも「山姥の握り飯」

ぶりこ石｜秋田県雄勝郡雄勝町産の無水珪酸からなる魚卵状を呈する温泉沈澱物で，この集合体が「天狗の握り飯」とか「山姥の握り飯」とも称されます．［E］

とも称されるものが，富山県立山温泉新湯に産出します．世界的に有名な無色透明のオパールの一種「玉滴石」で，この小球粒の集合体の俗称です．秋田県雄勝郡雄勝町秋ノ宮の「ぶりこ石」と成因は同じで，昔の温泉沈澱物で無水珪酸からなり，魚卵状を呈するものです．ぶりこは，秋田県を代表する魚である鰰の卵であることはご存知ですね．

　天狗も空を飛んだり，羽団扇で大風を起こしたりして神通力を発揮すると，疲れて休みたくもなります．群馬県の谷川岳天神尾根の一隅にその名も「天狗の休み場」があります．西黒沢側に大きく張り出した蛇紋岩の岩場の俗称です．

　長野・群馬県境に近い烏帽子岳の北麓に発する角間渓谷は信州耶馬渓とも呼ばれ，その昔猿飛佐助が修行したという言い伝えがあります．ここにある差別浸食でできた奇岩群の1つを「天狗ザレ」と称します．角間川の源流ニゴリ沢左岸にある烏帽子火山の急傾斜の山麓斜面が削られてできた崖ですが，活断層の断層面とする見方もあります．また，「鬼の門」に張り合っているわけでもないでしょうが，「天狗の欄干」という石門もあります．角間川の支流タララ沢沿いの烏帽子岳への登山道の標高約1800ｍ付近にある凝灰角礫岩からなる高さ約4ｍ，幅約15ｍ，奥行き約5〜6ｍある石門です．「鬼の門」と同様に差別浸食でできた奇岩群の1つです．天狗も石も神出鬼没です．

第5章
人の世の移り変わりと縁

女郎（子）岩｜北海道の積丹半島北端積丹岬東方に位置する高さ約50mの岩塊で，新第三紀鮮新世〜更新世の安山岩質火山噴出物の凝灰角礫岩からなっています．義経北行伝説にからむ言い伝えがあります．[S]
積丹町役場から車で25分．

人にかぎりませんが，生あるものは生まれてから，幼・少・青・老年期を経て死にいたるわけです．「生者必滅会者定離」は，世の理です．徳川家康は「人の一生は，重荷を負うて坂道を登るごとし」といったそうです．しかし，黄門様ではありませんが「人生苦もありゃ楽もある」と達観して生きていきましょう．いずれにしても人にとって最も関心の深い人生と石や岩の関わりを，石の世界に人の一生を見立てて渉猟してみましょう．

誕生～幼年期

　子が生まれるためには，当然ですが女性が妊娠しなければなりません．今ほど不妊治療が発達していなかった昔には，神仏に願掛けし「子宝の湯」とかさまざまな民間伝承に，ワラにもすがる心持ちで頼ったことでしょう．石の世界にもその切ない気持ちが託されています．

　応仁天皇の母とされる神功皇后との関わりのある石が各地に知られています．たとえば，蠟石産地として有名な岡山県和気郡三石町に「子孕み石」があります．直径1mくらいの灰色の石が白い石を包んでまるで口に卵を入れたような形をした奇石で，いわゆる由来石の1つです．そのいわれは昔，神功皇后が三韓征伐の途次にこの地を通った際この石上で休憩したところ，懐妊中の御子（後の応神天皇）の威光が籠もって現在見る形を残したといいます．その後，この付近から小型の「子孕み石」を捜し求めて懐中に入れて眠ると子宝を得ると言い伝えられるようになりました．実際には，この付近に広く分布する三石蠟石の被交代岩である石英粗面岩の空隙を充填した石英で，一種の「算盤玉石」の巨大なものともみなすことができます．

　また，神功皇后ゆかりの石として有名なのが「鎮懐石」です．新羅征伐の時，指揮を執っていた彼女は臨月になっていましたが，石をとって裳の腰につけて出

産を押さえたという言い伝えの石です．『万葉集』巻五で，奈良時代の代表的歌人である山上億良（660-733?）が鎮懐石を歌った歌の序によれば，筑前の深江村子負の原に大小2つの鶏卵形の美しい石があり，大きい石は長さ一尺二寸六分，小さい石は長さ一尺一寸だといい，言い伝えでは神功皇后の鎮懐石だといって道行く者が拝んだといいます．伝説ですから，もちろん異説があります．長崎県壱岐では応神天皇の出生地は壱岐だといい，勝本付近の海岸にある三寸ほどの大きさで先が赤い白石が，出産を遅らせるのに用いられた石「鎮懐石」だと言い伝えられています．

　石の中にさらに別の小石を孕んだ石だという「子抱石」が，愛知県南設楽郡鳳来町にある阿寺七滝の上にあるといいます．子種のない女がその石を持ち帰ると妊娠するといいます．福岡県糟屋郡の「子持石」は，子のない婦人が腰掛けると必ず妊娠するというものです．福島県信夫郡の「子持ち石」と呼ばれる石の上に小穴があり，そこから出てくる小石を，出産時に妊婦が頭に乗せて祈れば安産であるといいます．大同小異の話や俗称は各地にあり枚挙に暇がないほどなのでここらでやめますが，昔も今も子を授かりたいとの思いが伝わってくるもので，非科学的な単なる俗信として片付けてすむものではないでしょう．

　さて，首尾よく孕めば，次は当然生まれてくることを願います．できるだけ安産を願うのも無理からぬことです．長野県小県郡本原村出早に出早雄神社（潮竈宮）があり，その名は景行天皇の皇子の日本武尊がこの地に休まれて翌朝早く出立したことに由来するそうです．その後，「出早雄」の名前から子供が早く出産するという意味に転化し，安産の神として知られるようになりました．社前の大木の下にあり，1 m³ほどの自然石の上に四角な漏斗状の石が載せてあり，安産の願いがかなったら手桶で7杯ここに水を注ぎ込むとされています．また，京都府京都市西京区松室山添町松尾大社の南方約500 mに位置する境外摂社である月読神社本殿右の玉垣内に「月延石」があります．神功皇后が新羅征討の際に，この石で腹をなで心身の無事を得たと言い伝えられていることから「安産石」とも呼ばれ，今も安産祈願の信仰が続いています．

　さて，次は出産にちなんだ石です．まず，神奈川県横須賀市の指定市民文化遺

子産石｜神奈川県横須賀市指定市民文化遺産の礫岩からなる巨円礫．時代不詳．[K]
🚉JR横須賀線「横須賀」駅または「逗子」駅からバスで「子産石」下車，徒歩1分．

産となっている「子産石」があります．説明の看板には「子を生み出す石ということから，生殖の神，安産の神が宿る石として崇拝されてきた．ここに据えられた子産石を全体の象徴として指定した．」とあります．礫岩からなる巨円礫です．礫が抜け落ちた穴が表面に散在しています．礫岩の基質が風化浸食されて礫が抜け落ちる様子を石が子を産むとみなしたものです．礫岩を「子産石」にみなすこの類は各地にあります．

次に紹介する「子生まれ石」はやや性格が異なります．静岡県相良町の大興寺初代住職の大徹和尚が90歳余で亡くなるとき「自分の身代わりに石が生まれる」と言い残したといわれ，その通り裏山の崖から繭形の石が転げ落ちたそうです．以来住職が亡くなると石が落ちてくるといわれ，この石は代々の住職の墓石にされています．石の大きさや形状は異なりますが，総じて長細い楕円体から真ん中がくびれてひょうたん状になっているものが多いようです．これらは堆積物が続成作用を受けて固化していく過程で，異物（化石や異質の礫など）を核として石灰質分が集結してできる団塊（コンクリッション，ノジュール）で，周囲の砂岩基質よりも風化浸食に対して強いのでせり出してきて，ついには落下したものです．実際には生前に現れているものもあるそうで，落下時期と住職の往生時期とはよくいって偶然の一致で，まあ伝説としておくのがよいでしょう．

「誕生石」というのはいくつか意味があります．一般には，12の月に関係づけて選び，その月に誕生した者が幸福の象徴とする宝石です．もちろん科学的根拠などまったくなく，現在一般に流布している「誕生石」は，大正元（1912）年

にアメリカ合衆国の宝石商組合が勝手に決めたもので，宝石の販売促進目的です．次に，赤ん坊が生まれるのに関わる自然界の「誕生石」の伝承をいくつか紹介しましょう．信濃宮奈良親王（または宗良親王）が碓井峠（群馬県西部）の戦いに敗れ，和田峠（長野県中部）から伊那路に撤退するとき，身ごもっていた妃が急に産気づき平野村小口付近の石上で出産したそうです．この石は高さ約三尺，二尺四方あまりの大石で，以後村人たちは子供が生まれると牡丹餅を供えたといいます．大阪府大阪市住吉区の住吉神社そばにある「誕生石」のいわれは，丹後局が懐胎しましたが，源頼朝の正室であった北の御方が嫉妬し殺させようとしたので，彼女は逃げて来てこの石の傍らで男子を生んだというものです．愛媛県越智郡の「誕生石」は，三島明神御誕生の跡を記した石で，石の面に胞衣の形があり，祈願すると難産に効があるというものです．

無事に子供が生まれると，親は名前をつけ幸せに長生きしてもらいたいと思うものです．石や岩に仮託するのです．たとえば「子得岩」の伝承です．この岩の所で通りがかりの人に名前をつけてもらうと長生きするというもので，各地にあります．たとえば三重県志摩郡の岩は，生後7日までにその子を抱いてこの岩の所で阿波曽村の人が来るのを待ち，岩の字をとって名をつけると長生きするといいます．「子起岩」「名付け岩」とも呼びます．飯南郡の「子得岩」は「子売岩」の字をあてています．やはり，生後7日までにその子を抱いてこの岩の所に行き，同じ集落の人で一番始めに通った人に名をつけてもらい，親が往来の人をもてなすとその子は育つといいます．

赤ん坊にちなむ「赤子石（岩）」も数多くありますが，赤ん坊の形に似た石というわけでもなく，いわれや伝承と関連したものなので具体的にお見せできません．岩手県の事例をいくつか紹介するにとどめましょう．和賀郡谷内村舟瀬付近の猿ヶ石川岸にある「赤子石」は，口碑では，昔ある夏の朝，近在の農夫が草刈りのためここに来ると，熊野山山頂の神が赤子のような姿で降りてきて水を浴び，また山に登るということを繰り返しついに石になったものだといいます．以来，そこの地名を「赤子這い」ともいうようになったそうです．上閉伊郡綾織村に御駒様という男根神の社があり，昔，猿ヶ石川からこの社に向かって赤子が

這っていくのをよく見たら，1mほどの大きさで斑紋のある赤石であったといいます．近くの者が自分の家の庭に運び込もうとしたところ，めまいがして倒れ病気になったので，石にお詫びをして厄払いをしたといいます．いわれのある石を移動するとたたりがあるという話は，全国各地にあります．下閉伊郡宮古の近くの藤原でも，昔ある朝，漁夫たちが渚に出ると胴体部に白い斑点がある見たこともない赤石が現れていたといい，龍宮から這い上がった物として珍重したそうです．盛岡市川原町の長松寺門前にある「赤子石」は，この寺の近所に住んでいた嫁姑が同時に妊娠しましたが，意地の悪い姑は日夜この寺の地蔵に詣でて，嫁の腹の子を石にして生ませて欲しいと祈りました．ところが月満ちてこの姑がいつものように寺に行った際，産気づいて生み落としたのは1個の赤石であったという因果応報の説教話が残されています．

「赤子岩」というのは，いわゆる「足跡石」の1つでもあります．長野県下伊那郡の「赤子岩」は，径六～七尺の大岩です．昔，幼児を連れた旅の女がこの岩の上で夜を過ごそうとして急死してしまいました．猿が出てきて幼児を食おうとしましたが，幼児は立ち上がって力足を踏んで追い払ったそうです．その時ついた足跡が残っているというそうで，この岩に願をかけると夜泣きに効能があるといいます．愛知県北設楽郡の「赤子岩」は，やはり昔，幼児を連れた旅の女が賊に襲われ殺されてしまい，幼児は淵に捨てられてしまいましたが，母を慕って這い上がり，その時岩についた足跡が残っているというものです．京都府南桑田郡の「赤子岩」は，乳の出ない母親がお告げにより地面を掘ると，赤子の足跡がついた岩が出てきたといういわれがあります．島根県邑智郡（おうち）の「赤子岩」は，鬼に追われた赤ん坊の足跡が残されたものといいます．足跡の原因はさまざまですが，岩の表面の小さなくぼみを赤ん坊の足跡になぞらえたものでしょう．

さて，生まれた赤ん坊は母親の乳房を求めます．石の世界にもあります．乳房状に垂れ下がったものを「石の乳」と俗称します．新潟県東頸城郡松代町（まつだい）の国道253号線沿いで大平－田沢間の田沢寄りの道路脇および渋海川（しぶみ）沿いで観察される「オッパイ石」があります．新第三紀鮮新世大平層の砂岩泥岩互層のうち砂岩中に発達する直径10cmほどの球状結核（ノジュール）は露頭面では周囲が浸

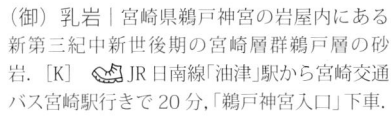

(御)乳岩｜宮崎県鵜戸神宮の岩屋内にある新第三紀中新世後期の宮崎層群鵜戸層の砂岩．[K] 🚌 JR日南線「油津」駅から宮崎交通バス宮崎駅行きで20分，「鵜戸神宮入口」下車．

乳岩｜宮崎県清武町と田野町境の山地にある荒平山北東麓に位置します．中新世の宮崎層群に属する砂岩．[S] 🚌 JR日豊本線「日向沓掛」駅から車で約15分．

食されて，結核部分が乳房のように出っ張っているため命名されたものです．

　宮崎県青島神社の祭神は彦火火出見命(ヒコホホデミノミコト)で，海幸彦，山幸彦の神話で知られた神話の弟神である山幸彦だそうです．兄から借りた釣り針を失った山幸彦は海底の海神国(わたつみのくに)にまで針を捜し求めて見つけ，3年後にワニに送られて葦原中国(あしはらのなかつくに)に帰ってきましたが，その上陸地点が青島だといわれています．ついでにいいますと，山幸彦と海神の娘である豊玉姫との間に生まれたのが鵜茅葺不合命(ウガヤフキアエズノミコト)で，神武天皇の父だそうです．また，鵜戸(うど)岬に先端に位置する鵜戸神宮の祭神です．漁業，航海，安産の神様です．屋根は岩に接していて，造営のたびに岩が数cm持ち上がるといいます．この洞窟の天井にある「（御）乳岩」から滴り落ちる水を飲むと，乳の出ない婦人に効き目があると言い伝えられています．これはウガヤフキアエズノミコトが，豊玉姫が海神国に帰ってしまった後に，やむを得ずこの水を母乳代わりに飲んで育ったといわれることに由来します．

　宮崎県清武町(きよたけちょう)と田野町境の山地にある荒平山（602.9 m）の北東麓に位置する丸目集落に「乳岩」があります．岩屋の天井部分に乳首のように2つの丸い岩が出ているものです．ノジュール（団塊）のようです．村人は乳の神様として大切にしており，甘酒を入れた竹筒を2本ずつもって供え，乳の出を祈願するということです．

　もっと大きい「お乳岩」が，石川県能登東岸の九十九(つくも)湾に散在する小島（岩

誕生〜幼年期

塊)の1つです.新第三紀前～中期中新世の柳田累層のデイサイト(石英安山岩)質溶結凝灰岩が波食されて,乳房に似た円丘状を呈したものです.

青少年期

　人は成人し,いつしか少年は男に少女は女になります.石の世界では「男岩」「女岩」は,それぞれ「夫婦岩」の片方をいうことが多く,次項でくわしく述べますが,ちょっと変わった「三王岩」の「男岩」「女岩」を先に紹介しておきましょう.

　岩手県の太平洋岸を宮古から久慈の間を三陸鉄道北リアス線が連絡しています.その中に田老駅があります.この付近の沿岸部は「津波田老」の異名があるほど津波の町として知られ,歴史記録としては貞観年間(859-877)から30数回の津波被害を受けたことがわかっています.駅から防潮堤をくぐり,田老港を回って海岸沿いを20分ほど行くと,有名な「三王岩」につきます.「三王岩」の真ん中が高さ約50mの「男岩」,海に向かって左側の三角形状の岩塊が「女岩」,右側の短躯な塊状の岩塊が「太鼓岩」です.「男岩」の下部は中礫～大礫からなる礫岩で,上半部は砂岩泥岩互層です.「女岩」も砂岩泥岩互層が主で,ともに緩傾斜を呈した露岩です.「男岩」と「女岩」を合わせて「夫婦岩」とも称されています.これらに対して「太鼓岩」は,層理面が垂直になっていて転石塊のようです.陸側は北上山地に散在する白亜紀深成岩類の1つである田老岩体で,別種の岩石片であるゼノリス(捕獲岩)を多く含む花崗閃緑岩が分布しており,その上に不整合で「三王岩」を構成する下部白亜系上部の宮古層群が載っているわけです.干潮時には,男岩まで行けてその根元の径2mほどの海食洞をくぐることができます.そうすると幸運が訪れるとか,恋愛が成就するなどと言い伝えられています.

　清純な少女というイメージの「乙女」という語は,石の世界には残っています.埼玉県長瀞町荒川の河岸にある幅数十m,延長500mに及ぶ主に黒色片岩からなる岩石段丘は「畳石」と称されます.対岸には高さ約100m級の赤鉄片

三王岩（左）と男岩の根元の海食洞（右）｜「三王岩」は岩手県田老町の海岸に位置する岩塊で，真ん中が「男岩」，左が「女岩」，右が「太鼓岩」と呼ばれています．いずれも，白亜紀後期の宮古層群に属する砂岩泥岩互層や礫岩からなっています．[K] 三陸鉄道北リアス線「田老」駅から徒歩20分．

岩の岸壁が連なり，「秩父赤壁」と俗称されます．下流部にある大黒天に似た形の「大黒岩」も赤鉄片岩の転石です．上流には，著名な地質学者であった小藤文次郎（1856-1935）によって世界で最初に記載された，紅簾（石）片岩（変成岩の1種で紅簾石を含む紅色の石英片岩）の露岩があり，そのあえかな色合いから「乙女石」とも俗称されています．三重県渡会町彦山の山中にある地上2.3 m，幅3.4 mの珪岩の塊は「乙女岩」とも称されます．火打石として使われ，昔はこの石を打ち砕いて毎年，伊勢神宮に奉納したと伝えられています．

　石の世界に「女郎（子）岩」があります．本章扉写真に出ている北海道の積丹半島北端積丹岬から東の海中にある新第三紀鮮新世〜更新世の安山岩質火山噴出物の凝灰角礫岩からなる奇岩の1つで，高さ約50 mの乙女の立姿に似るという「女郎（子）岩」です．文治5（1189）年奥州衣川で死んだはずの源義経が，積丹岬にある入舸港に上陸し滞在したという，いわゆる義経伝説が伝わっています．この地の首長の娘シララと恋仲になりましたが，やがて義経一行は別れも告げずに去ってしまいました．シララは悲しみのあまり投身自殺をし，彼女の化身がこの「女郎子岩」になったというのです．このほか，茂津多岬や天売島など北海道各地にあります．

　石の世界の人顔はいかがでしょうか．2つ3つご紹介しましょう．
　まずは，そのものずばりの「人面岩」です．新潟県佐渡市の佐渡・真野湾の東

人面岩｜新潟県佐渡市の「越の長浜」の海岸沿いにある高さ約3mの岩塊で，新第三紀中新世初期の安山岩質火砕岩からなっています．[S] 両津港から車で約35分．

奇面巖（左）｜宮城県秋保温泉磊々峡にあり，後期中新世の軽石凝灰岩からなっています．[K] JR東北本線「仙台」駅からバス50分．

少婦岩（右）｜岩手県猊鼻渓にあり，古生代の石灰岩からなっています．[K] JR大船渡線「猊鼻渓」駅から徒歩5分．

側に位置する「越の長浜」の海岸沿いにある高さ約 3 m の奇岩です．右を向いた顔の目鼻立ちがよく出ていますね．佐渡島の第三系の最下部をなす中新世初期の相川層に属する安山岩質の火砕岩の浸食地形です．

宮城県仙台の奥座敷といわれる秋保（あきう）温泉は，那須火山帯に属し，第四紀の火山活動に由来する火山性温泉の 1 つで，自然湧出する高温の食塩泉です．このあたりに分布する地層は，後期中新世（ここらでは約 800 万年前）の秋保層群で，全体に淡灰青色の石英安山岩質（デイサイト）の軽石凝灰岩が卓越し「秋保石」と称されます．耐火性に優れ加工が容易なため，石材・建築用材として利用されています．さて，温泉に至る手前の川にかかる「覗き橋」の袂から渓谷に入る遊歩道が整備されています．ここを中心にした上下約 1 km の渓谷は，夏目漱石門下の独文学者である小宮豊隆によって昭和 6（1931）年に「磊々峡（らいらいきょう）」と命名されました．「磊」は石がごろごろしている様を表しています．

「鬼面人を威す」という物言いがあります．「うわべだけの威勢で人を威す」の意ですが，ここでは「奇面」という造語の話に移りましょう．前頁左下の写真は，「奇面巌（きめんがん）」と名づけられた岩塊というか岩崖の一部です．なんとなく巨大で奇妙な人面（右を向いた横顔）に見えますね．これを称しているのでしょう．同右下の写真は，岩手県の景勝地「猊鼻渓（げいびけい）」（詳細は後述）の「少婦岩」です．黒く翳った岩の部分が優しげな婦人の左顔に見えますね．

殺伐とした昨今では，親子の情愛は石の世界に仮託するしかないのでしょうか．大小近接する岩は「夫婦岩」（後述）とも「親子岩」ともいわれ各地にあるので，ここでは母子にちなむ岩を 1 つ紹介するにとどめましょう．宮城県下，JR 東北本線塩釜駅下車南方へ徒歩約 15 分といったところの道端に，赤く塗られた鉄製の柵で囲まれて，スレート製（これは中生代三畳紀の稲井層の粘板岩でしょう）の石碑が建てられてあり，「母子石之碑」と刻まれています．その向かって右側に「母子石」が鎮座しています．扁平な方状の岩塊で，縦 75 cm，横 75 cm，高さ 15〜20 cm ほどです．上面はゆるく凹凸しており，見ようによっては足跡状の凹みがありそうな，なさそうな感じです．表面は著しく風化しており，たぶん新第三紀中新世前期の松島湾層群に属する安山岩でしょうが，表面を

母子石（左・右）｜宮城県塩釜市にある新第三紀中新世前期の松島湾層群に属する安山岩塊でしょう。
[K] 🚶JR東北本線「塩釜」駅から南へ徒歩約15分.

見ただけでは安山岩か砂岩かの識別さえつきにくいありさまです．この石には，次のような悲しいいわれがあります．約1200年前，国府多賀城建設時に人柱に選ばれた父を悲しみ，その妻と娘が傍らの石の上で飲まず食わずで泣き続け，ついに亡くなってしまったという言い伝えです．2人の立っていた石に足跡が残されたものが，「母子石」として今に伝わっているそうなのです．人柱に選ばれた理由というのにも一説があります．城造りを指揮した役人が土地の長者の娘を嫁に申し受けようとしましたが，断られました．その後，人柱に長者が選ばれたのは娘の自分が求婚を断ったためだと思い，娘は父親に嫁にやってくれと頼みます．しかし，人格者であった父親の長者は，それで自分が助かっても誰か他の人が犠牲になるのだからといって，従容として人柱になったそうです．

老　年　期

　紅顔の美少年美少女も，生き永らえていれば嫌でもまた貧富の差なく齢を重ね，爺婆になります．石の世界ではどういうわけか「爺石」はあまり見当たりませんので「婆石」に限定して紹介しましょう．

　有名な民俗学者として知られる柳田國男の『石神問答』にも水路の中央や道端に置かれた「姥石」が各地にあることが記されています．その1つとして『上総

葬頭川の婆石｜長崎県雲仙火山の雲仙地獄にある第四紀安山岩からなっています．[K] 👟長崎市内より車で90分の九州ホテル（雲仙市小浜町320）横．

姥石｜山形県山寺境内にあり，主に中新世前期の山寺層に属する酸性軽石凝灰岩からなる岩塊です．[K] 👟JR仙山線「山寺」駅から徒歩20分．

町村誌』によると千葉県上総君津郡にあったという「姥石」が紹介されています．この石は，高さ五尺，周囲二十八尺で八角形状をなし，上面に穴が開いていたといいます．昔は2つありましたが道路改修時にその1個を除いたらたたりがあり，南方の山上に「姥神」として祀ったというそうです．

　さて，次に新しい岩からなる「婆石」を紹介しましょう．先に述べた日本の最も活発な火山の1つである雲仙火山山麓の観光スポットの1つ「雲仙地獄」に，「葬頭川の婆石」があります．写真のように雲仙火山起源の第四紀安山岩の巨塊です．閻魔大王がこの上に座って，亡者の生前の悪行に対してどのようにして罰と苦しみを課すか決めたといいます．

　山形市北東方に位置し，JR仙山線山寺駅からほど近い東北屈指の霊場の1つである宝珠山立石寺は，貞観2（860）年に最澄（伝教大師）の弟子である慈覚大師円仁が唐に10年滞在した後，帰朝して開山された比叡山延暦寺の別院（天台宗）で「山寺」とも俗称されます．多くの著名人も訪れており，たとえば松尾芭蕉が，「奥の細道」の途次立ち寄り「閑かさや　岩にしみ入る　蝉の声」の句

女婆石｜福島県いわき市にある石化伝説を伴う石塊．[S] 🥾JR常磐線「いわき」駅から車で約30分．

長寿岩｜奈良県山辺郡山添村に安置された花崗岩塊です．地中で風化されて丸くなったものです．[S] 🥾名阪国道山添ICから車で3分．

を詠んだことは有名です．芭蕉は「岩に巌を重ねて山とし，松柏年旧り土石老いて，苔滑らかに」と記述しています．このあたりは，地質学的には，新生代新第三紀上部中新世の山寺層で，厚さ350m以上ものデイサイト（石英安山岩）火砕岩のカルデラ堆積物です．カルデラはポルトガル語で「大鍋」を意味し，円形に近い火山性の凹陥没地形です．世界最大のカルデラは九州の阿蘇カルデラだということはご存知でしょうか．山寺層は酸性軽石凝灰岩を主とし，赤紫色を帯びたデイサイト溶結凝灰岩やシルト岩などからなる湖成堆積物を伴います．それぞれの岩質に応じて浸食の度合いが異なるのでいろいろな奇岩が生じます．その1つに写真の「姥石」があります．雨宿りに好適な岩塊です．

福島県いわき市に「女婆石（おなば）」があります．いわれは悲しいものです．その昔沖へ漁に出た息子が難破して戻らなかったところ，その母は船漕山の山頂から日夜帰るのを待ち続け，風雨に打たれながら石と化したというもので，各地にある石化伝説の1つです．ユニークな形状です．岩質は不明です．

不老長寿は誰しももつ願いですが，奈良県山添村（やまぞえ）に「長寿岩」があります．昭和64（1989）年「ふるさと創生事業」が発案され，全国約3300の市町村に使い方を限定せずに1億円ずつ配ったことがあります．山添村ではその資金で山を切り崩し「山添村ふるさとセンター」を建設したところ，その現場から高さ約3m，周囲約20mの巨大な丸い花崗岩塊が出現しました．何の根拠もありませんが，「長寿岩」と名をつけてセンターのシンボルとしたものです．

男と女——夫婦石と陰陽石

男と女の関係はいわく言いがたいものですが，人にとって今も昔も最も関心が高く，歴史上でも今日でも社会生活や日常生活で最大の話題の1つです．中でも夫婦関係にはさまざまな態様があり，古来，歌に詩，小説などの題材とされてきました．石の世界にも数多くの「夫婦石」や「夫婦岩」があり，大部分仲むつまじく寄り添っているように見えますが，そこはそれなりにさまざまないわく因縁があります．

「夫婦石」や「夫婦岩」には大きく2つの系統があります．第1は単純に近接して位置する大小の岩塊を称するもので，「親子岩」と称されることもあります．大きい石が夫や父親を表し，小さい方が妻や子を表すことは自明でしょう．第2はいわゆる「陰陽石」の系統です．男女の形を思わせるといいますか，おおらかな昔の人にとっては夫婦和合のシンボルで豊穣を意味したからでしょう．これらは個々に「男岩」「男石」や「女岩」「女石」とも呼ばれます．

●夫婦石（岩）

　何といっても第1の系統で最も有名で全国的に知られているのは，三重県伊勢二見ヶ浦の「夫婦岩」でしょう．長さ30mもある注連縄で結ばれています．陸地から見て左側の大きい「夫岩（雄岩）」は，石材の「伊勢青石」の名で知られています．地質学的には，変成岩の一種で三波川結晶片岩に属する緑泥片岩です（とくに，群馬県多野郡鬼石町の神流川流域産は「三波石」という名で石材や庭石・鑑賞石として知られています）．これは向かい側の海岸部にも広く分布しています．薄く剥げる性質があります．ところが右の「婦岩（雌岩）」は輝岩で，岩質が異なっているのです．これは，輝石を主とする珪酸分のきわめて少ない火成岩です．大正7（1918）年9月の台風で当時の露岩が折り取られてしまい，3年後に少し離れたところから運んできたからです．まあ，バツイチの夫婦といいますか，「夫婦は他人の始まり」というわけでしょうか．

　さて，ここにはかの宮澤賢治（1896-1933）が大正5（1916）年に，盛岡高等農林学校二年生の時の関西方面への修学旅行の帰途，立ち寄って岩石を採集したことが知られています．ここの結晶片岩は，特有の暗紫青色をなし低温高圧下で安定な「藍閃石」という鉱物を含むことが特徴です．これは，賢治が愛読した『大鉱物學』上巻（佐藤傳藏，1913，六盟館）に「伊勢二見ヶ浦の夫婦石中には顕微鏡的に多量の藍閃石を含めり」と記述されていることに触発されたのではないかと思います．岩手大学農業教育資料館に現存する賢治採集とされる岩石標本の1つに「伊勢二見」というラベルが張ってある結晶片岩がそれです（くわしくは，加藤，2006参照）．

伊勢二見ヶ浦の「夫婦岩」｜三重県伊勢市の海岸部に位置し，沖合660 mの海中に位置する「興玉神石（沖の石）」の鳥居と見なされています．左側の「夫岩（雄岩）」は三波川結晶片岩に属する緑泥片岩で，石材としては「伊勢青石」の名で知られています．右側の「婦岩（雌岩）」は輝岩で，他所から運ばれたものです．[S]
JR参宮線「二見浦」駅から徒歩20分．

伊勢二見ヶ浦の「三波川結晶片岩標本」｜緑泥片岩で，ラベルに賢治自筆といわれる「伊勢二見」の文字があります．岩手大学農業教育資料館所蔵．[K]

　さて，伊勢の二見ヶ浦と似ているので「能登二見（岩）」の名称もあり，またその2つの岩の配置から「夫婦岩」とも称されているのが，石川県羽咋郡志賀町富来の七海の能登半島国定公園を代表する景勝地である能登金剛の生神から富来に至る海岸にある「機具岩」です．昔，能登に機織りを広めた渟名木入比口羊命女が，織機を背負ってここを通りかかったとき山賊に襲われ，それを海に投じたところ岩に変わったという伝説があるからです．一方の岩に朱塗りの祠

95

男と女——夫婦石と陰陽石

夫婦岩（能登二見（岩））｜石川県羽咋郡志賀町富来、七海の能登金剛の海岸にあり、岩にまつわる伝承から「機具岩」とも称されます。新生代新第三紀前期中新世（ここでは2千数百万年前以降）の穴水累層の安山岩溶岩・火砕岩からなっています。[S]　JR北陸本線「金沢」駅からバス80分またはJR七尾線「羽咋」駅から能登西部バス富来行き50分「生神」下車徒歩3分、または「羽咋」駅から車で約30分。

があり，2つの岩は注連縄で結ばれています．新生代新第三紀前期中新世（ここでは2千数百万年前以降）の穴水累層の安山岩溶岩・火砕岩からなり，海食に抗して残ったものです．

新潟県佐渡郡相川町高瀬の七浦海岸は，典型的な隆起海岸で沖には大小さまざまな岩礁が散在しています．その一組で仲睦まじい夫婦のように見えるという2つの岩は，「波の姑の邪険を避けて　忍び寄るかや夫婦岩」と「佐渡おけさ」に歌われているものです．新第三紀中新世のいわゆる「グリーンタフ」（緑色凝灰岩）に属し，海底火山の噴出物です．

ほほえましいだけの「夫婦岩」だけでもありません．岩手県のとある山頂にそびえていたという一組の「夫婦岩」はなかなかの言い伝えをもっています．「男石（夫石）」と「女石（妻石）」の周囲を人間のカップルが同時に別々に回ると相手の1人が不意に見えなくなったり，石と石の間が普通は1.5 mほども離れているのに，男女で並んで通ろうとするとその間を通り抜けられなかったりとかするそうです．石にも悋気があるようです．反面，夜半には「男石」と「女石」はくっついて嬉し泣きをしているとかいう言い伝えです．さらに，この石のあるところから五〜六間下に同質の巨石が転がっていたそうですが，これも元は「夫婦石」と一緒に立っていたのに，石どうしの恋の鞘当てに敗れて現在地に突き落とされたという口碑もあるというのです．長野県南佐久郡にあったという「夫婦石」は，その間を通ると夫婦仲を割かれるといわれました．人の世だけでなく石

の世も嗚呼と嘆くのみです．また，同じく岩手県の岩手郡にあったという「夫婦石」は，坂上田村麻呂が岩手山の鬼退治のため大宮に陣を構えた時に，美男の家来が里の娘と契り，将軍が京に帰る時2人連れだってここまでやって来たのですが，先行きの不安に泣いてそのまま石になったものだといいます．

　石化伝説にからむ「夫婦岩」もあります．長野県上田市と小県郡の境にある砂原峠付近，奈良尾から丸子町の御岳堂へ抜ける道を少し下ったところにある岩です．伝説では，昔おまんという美しい娘に1人の若侍が言い寄ってきたといいます．しかし彼女は名主の次男庄次郎と相思相愛の仲だったので，父の権蔵を通して何度も断ったのですが，相手はなかなかあきらめませんでした．後難を案じた2人は砂原峠を越えて逃げようとしましたが，後からくだんの若侍が追ってきて，おまんに向かって戻れといったのですが，彼女が答えなかったので怒って2人とも石になれと叫んだそうです．不思議なことに，2人はたちまち石になってしまったといいます．若侍は近くの独鈷山（どっこさん）の麓の淵に棲む大蛇の精だったというのです．

　このほかにも長野県には多くの「夫婦岩」の言い伝えがあります．たとえば，長野県諏訪市の旧平野村今井集落の横河川近くの山の神のほとりにある2つの大石です．その1つにくぼみがあり，どんな旱魃時でも涸れなかったといい，また，この水はイボに効き目があったので「疣石」とも呼ばれるようになったそうです．昭和初期にそのうちの1つは失われたといいます．北安曇郡と上水内郡の境界の鬼無里村（きなさ）上押切（かみおしきり）にある「夫婦岩」は縁結びの神といわれます．求婚者が北安曇側の石に腰掛け，上水内側の石に手をふれると水内側から配偶者が得られるというのです．あるとき，ここを通った人が谷底から泣き声が聞こえてくるので降りて見ると，「夫婦岩」の1個が転落していたので，村人と協力して元の場所に戻したという言い伝えがあります．

　大分県豊後（ぶんご）大野市にある稲積水中鍾乳洞は，全長約1km，水深40mあり，約20万年前，氷河期にできたもので，8万5000年前に起こった阿蘇噴火で水没したといわれます．ここの石灰岩からなる「夫婦岩」があります．

　福岡県糸島郡志摩町の桜井海岸から約150mの海岸に起立する2つの岩から

なり，注連縄がかけられている「夫婦岩」は，男岩が高さ 11.8 m，女岩が高さ 11.2 m あります．白亜紀後期の糸島花崗閃緑岩に属する中粒角閃石黒雲母花崗閃緑岩からなっています．「夕日の二見が浦」としても知られています．

　最後に，沖縄の夫婦岩の例を示しましょう．次頁右下の写真の注連縄を張った可愛らしい「夫婦岩」は，沖縄本島西海岸を移動中に撮影したもので詳細は不明ですが，第四紀の琉球石灰岩からなる岩塊でしょう．

　さて，この岩の話ではありませんが，沖縄に次のような夫婦の情愛にからむ「夫振岩(ウトゥフィジー)」の話が伝わっています．この岩は，名護市源河の沖，羽地(はねじ)湾内 10 数町の海中にあるそうです．昔，羽地間切に双方の親から許婚として認められ結婚した若夫婦がいました．妻は村内で比べる者がいないほどの秀麗な美女で，夫が理想にほど遠い配偶者と思い，何とか別られないかと日夜煩悶していたそうです．これを懸念した親たちが，一計を案じ夫婦を小船に乗せてこの島に連れて行き置き去りにしてしまいます．時，あたかも酷寒の季節で妻は薄着のままで，夫は綿入れ夜着（ドテラ）を羽織っているだけでした．夜になり，いよいよ寒さがつのりましたが，もとより仲の良くない夫婦のこと，口も聞きませんでした．しかしあまりの寒さの苦痛に堪えがたい様子の妻を見て，夫は自分の綿入れを妻に着せ掛けました．妻も夫の情愛に感じて己の常日頃の非行を悔い改め「遂に永久に夫婦の和合を見るに至れり」となったそうです．夫を振った妻を戒めるため，「夫振岩」という名が今日まで伝わっているとのことです．

　動物にも当然夫婦というか番(つがい)があります．山梨県甲府市内を貫流する笛吹川の支流荒川上流部の渓谷である昇仙峡は，秩父多摩国立公園の一部をなしています．「御岳(みたけ)昇仙峡」を構成する岩体は，南北 4〜5 km，東西 3〜4 km のほぼ楕円体状をなす新第三紀中新世の黒雲母花崗岩からなっています．渓谷入口から能泉付近までは粗粒の黒雲母花崗岩ですが，さらに上流の遷移点をなす仙蛾滝(せんがたき)にかけては細粒の花崗岩脈（アプライト）がしばしば貫入し，花崗岩体も優白質で細粒になっています．能泉上流にある渓谷随一の景勝地にそびえる高さ約 180 m の岩峰が「覚円峰(かくえんぽう)」で，この岩の頂きは数畳分の広さがあり，沢庵和尚の弟子の覚円上人が頂上で座禅したことにちなんで命名されました．対岸には「天狗岩」

夫婦岩｜大分県豊後大野市にあり，古生代の石灰岩からなっています．[S]
🥾別府より大分米良ICまで大分自動車道を利用し約2時間．

夫婦岩（夕日の二見が浦）｜福岡県志摩町に位置し，男岩が高さ11.8 m，女岩が高さ11.2 mあります．中生代白亜紀後期の糸島花崗閃緑岩からなっています．[S]　🥾JR筑肥線「筑前前原」駅から車で約15分．

夫婦岩｜沖縄本島西海岸万座毛から東南植物楽園へ行く途中にあり，第四紀の琉球石灰岩からなっていると思われます．[K]　🥾万座毛から車で約10分．

があり，いずれも黒雲母花崗岩からなっています．このほか，さまざまな俗称の岩塊があり，その1つが単に形から思いつかれたのでしょうが，「オットセイの夫婦岩」と称されています．いずれも花崗岩質岩が風化浸食されてできた岩塊です．高知県香美市土佐山田町鈴ガ森の通称「古神」または「神奈備山」に，「夫婦亀石」，「夫婦亀」または「親子亀」と称される5個の石を組み合わせて重なり合った2匹の亀岩があります．頭は北を向いています．ただしこれらは自然石を利用したものですが，目の部分は人手によって穿たれているらしいのです．また山全体を亀に見立てて「大亀」と称することもあります．「亀岩」については第6章に詳述します．このほか，枚挙にいとまがないので割愛します．

●陰陽石

「夫婦石」の第2の系統がいわゆる「陰陽石」です．安産・子孫繁栄・子授け・豊穣・縁結び・商売繁盛などを祈願した石で，通常一対の石からなり，男女の性器をかたどることが多いのですが，陽石のみ飾られることも多く道路の守護神である道祖神や塞の神として祀られることもあります．さて，誰がどんな根拠で言い始めたかは知りませんが「三大夫婦石（日本性神三大奇岩）」といわれるものがあります．大小の岩の形がまさに男女の有り様にそっくりなものです．岩手県千厩の「夫婦石」，岐阜県中津川市の「女夫岩」と宮崎県小林市の「夫婦岩」（「陰陽岩」．後述，異説では福岡県黒木町の「夫婦岩」）です．

まず，岩手県東磐井郡千厩町の「夫婦石」からご紹介しましょう．千厩は，奥州藤原氏全盛期に1000の馬屋が建てられ（千厩の語源），数万頭の馬の産出地として栄えました．源義経の愛馬「太夫黒」の産出でも有名です．一関市からJR大船渡線で約1時間の千厩駅に行き，徒歩5分ほどの天王山入り口路上に露出しています．陽石（男石）は「首石」ともいわれ，高さ5m，周囲10mの立派なものです．これに対して，陰石（女石）は陽石の後ろ側に位置する高さ2m，周囲6mの花崗岩塊が節理によって乖離しているものです．とくに説明はいらないでしょう．とはいえ，掲示板の紹介文は秀逸なので一部採録しておきましょう．「夫婦石の雄然たる竜頭は列強なる陽茎に支えられ，天地正大の気はこ

夫婦石（男石，陽石［上］女石，陰石［右］）｜岩手県東磐井郡（現一関市）千厩町にある前期白亜紀の花崗岩質岩（石英閃緑岩〜花崗閃緑岩）からなっています．［K］ JR大船渡線「千厩」駅から徒歩5分．

こに始まり，男石の後ろに日本の美風を堅守し，豊満にして慎ましやかな女石は谷間の白百合の如く万人の感動を呼ぶ」とあります．当然ですが，夫婦和合や子授けの神としてあがめられています．これらは，花崗岩質岩で，主に斜長石に富む石英閃緑岩〜花崗閃緑岩です．北上山地には個々には比較的小規模ですが，全体として中・古生界の1/4の分布面積を占めて散在して分布する前期白亜紀深成岩体があり，その1つである千厩岩体といわれるものに属しています．これは南北26 km，東西12 kmにわたって分布しています．この一部が風化浸食を

受けて「夫婦石」の形状をなすにいたったものです．

　第2の「女夫岩」は，岐阜県中津川市桃山公園入口の両側にある2つの「陰陽石」です．「男（根）岩」は高さ7m，周囲24mに達し，「女（陰）岩」は高さ3m，周囲30mもあります．自然石だと思われますが人工物とみなす俗説もあり，そうすると擬似岩塊「夫婦石」としては日本最大ですが，真偽のほどや如何．中生代白亜紀末期の優白質の黒雲母花崗岩を主体とする苗木・上松花崗岩からなっています．含まれる石英が自然放射能により黒〜暗灰色を呈するのが特徴で「恵那石」「蛭川石」とも呼ばれ，石材に利用されています．イザナギ・イザナミの男女二神が子孫の繁栄を祈念して置かれたといういわれがあります．

　第3の「陰陽石」は，宮崎県小林市浜之瀬公園内の浜之瀬川畔に屹立する2個の石です．別名を「竜岩」「夫婦岩」ともいい，男根状の陽石の高さは約17.5m，陰石は周囲約5.5mあります．霧島火山の北西に位置する東西15km，南北10kmの陥没カルデラ「加久藤カルデラ」から約30万年前に噴出した加久藤火砕流の溶結凝灰岩が浸食されてできた奇岩です．辺鄙なところにあったので，万生産の神として当地のわずかな村人たちにしか知られていませんでしたが，この地にやって来た野口雨情が「浜の瀬川には二つの奇石　人にゃ言ふなよ　語るなよ」と詠み，世人の関心を呼ぶようになったといいます．

　また，これらとはまったく別に，日本一と称している「陰陽石」があります．広島県福山市松永町の剣神社裏手の陰陽石宮の御神体として男女交合の姿で祀られているものです．昔々，この地の大地主は田主神を祀り信心していました．ところが3年繰り返して大雨で田植えした苗が流されたことに腹をたて，田主神を大水に放り込んで流してしまいました．すると翌年からは日照りが続き，稲は枯れてしまうばかりでした．ある夜，五穀の豊作を祈る神である御歳神が夢に現れ，田主神の祟りだから，男根石（陽石）を田に立てて女陰石を畔において水を湛えよと告げました．その通りにすると，翌年から元通りの収穫が上がるようになったということです．陽石である石棒が田の神で，陰石が水の神で，ささげた水が石穴から絶えなければ水不足にはならないといわれるようになりました．

　男と女と石の物語はまだまだありますが，ひとまずここまで．

第6章
進化の流れに沿って

かえる岩｜兵庫県城崎郡香住町今子浦海水浴場の近くにある奇岩．日本海の荒波を浴びる「かえる岩」の景観は，実に見事です．新第三紀中新世北但層群に属する凝灰岩～火山角礫凝灰岩などの火砕岩類の浸食岩塊です．[S]　JR山陰本線「柴山」駅から徒歩20分．

46億年の地球の歴史の大部分を占める石の歴史に比べれば短い生物の歴史ですが，その変化の速度というか進化の過程には著しいものがあり，その多様性もまた目を見張るものがあります．31億年昔のバクテリアの化石が発見されていますが，単細胞生物が地球上に出現して以来，多細胞生物に，植物から動物へ，海から陸地へ，無脊椎動物から脊椎動物へ，さらに哺乳類の頂点としてわれら人類が現れてきた歴史は，化石として岩石中に記録されていますが，本章以降でとり扱うのは動物にちなんで名づけられた石の数々です．まさに，石の動物園というわけです．ちなみに動物園発祥の地は中国だといわれます．中国最古の詩集である周代の編纂といわれる詩経によれば，すでに紀元前1050年に周の武王が「霊囿」という動物園を開設しています．これから主に，日本における石の世界の動物園を以下第6〜9章で探訪してみましょう．たくさんあるので，動物の進化過程をなぞって下等なものから高等なものへと話を進め，両生類代表として蛙について，爬虫類の代表として亀と蛇について，さらに主役の哺乳類を中心に巨獣，猛獣，家畜，ペットと学問的分類ではありませんが，人との関わりを重視してご紹介しましょう．

爬虫類以前の動物にちなむ石

　化石は別にして，最も下等な動物にちなんだ石は腔腸動物であるクラゲから命名された「クラゲ岩」でしょうか．岩手県岩泉町にある日本三大鍾乳洞の1つとされる竜（龍）泉洞は，中生代ジュラ紀（ここでは1億2000万〜1億6000万年前）の安家(あっか)石灰岩からなる標高625mの宇霊羅(うれらさん)山中に形成されたものです．既知の洞穴部分だけで長さ2500m以上あり，最深のものは120mあるという地底湖が発達し，深さでは日本一といいます．洞内の鍾乳石の1つが「ク

蛭石の採集場所｜岩手県盛岡市盛岡城跡の白亜紀北上花崗岩の露岩からなる城壁の一部．[I] 🚶 JR東北本線「盛岡」駅から徒歩15分．

蛭石｜賢治が勉強した盛岡高等農林学校（岩手大学農業教育資料館）所蔵の標本．[K] 🚶 JR東北本線「盛岡」駅から徒歩25分．

ラゲ岩」と名づけられています．

　環形動物は無脊椎動物の1門で，体が細長く多くの環節からなり，ミミズや蛭の仲間です．「蛭石」という鉱物があり，急激に熱すると膨張してへき開面（特定の結晶面に平行な面）を押し広げるため3〜5倍の長さになり，その様子がヒルに似ていることから命名されました．また，西洋ではミミズに似て見えることから，ラテン語の vermiculare（ミミズ）からバーミキュライト（ミミズ石）ともいわれています．断熱材・軽量骨材や盆栽用に用いられます．

　明治42（1909）年に盛岡中学校時代の宮澤賢治（当時13歳）が盛岡城跡公園で歌った初期の短歌の1つに，「公園の　丸き岩べに　蛭石を　われらひろへば　ぼんやりぬくし」という作品があります．城壁をなす花崗岩中の黒雲母が変質してできた蛭石を採集していたのでしょう．

　軟体動物も無脊椎動物の1門で，骨格や関節がありません．貝類や蛸，イカの仲間です．

　北海道根室支庁目梨郡羅臼町（らうすちょう）の知床半島の先端部一帯を占める知床国立公園の海岸線は比高100〜200mの断崖をなし，海食によって「観音岩」「獅子岩」など多くの奇岩が林立しますが，その1つが「蛸岩」と名づけられています．新第三紀中新世の火山岩類を基盤に浸食の進んだ火山群が分布しています．また，同じく釧路支庁釧路郡釧路町の昆布森（こんぶもり）集落から東方の尻羽岬にかけての太平

洋岸一帯を昆布森海岸といい，昭和30（1955）年厚岸道立自然公園に指定されています．ここには新生代古第三紀始新世後期～漸新世初期の浦幌層群が分布し，石炭を含む泥岩・砂岩・礫岩などの堆積岩からなっています．断層が発達し，海水による差別浸食を受けて奇岩が海中に屹立し，その1つが「タコ岩」と称されています．また，大阪府の大阪城の石垣は主に白亜紀花崗岩からなっていて，その最大の石塊が「蛸石」と呼ばれていますが，もちろん蛸の形をしているわけではありません．

　貝類の代表としてハマグリにちなむ石を簡単に紹介しておきましょう．岐阜県吉城郡古川町の古河城（跡）は蛤城とも呼ばれていました．ここにあったという米俵大の球状岩は，薄青色を帯びた地に蛤形の紋様があることから「蛤石」と命名されました．昔は雌雄二石あって常に白気を吹いていたといいます．慶長年間（安土桃山時代末期～江戸時代初期），金森右近が，この石を高山城に移そうとしましたが重くなって運ぶのに難渋し，しかも夜な夜な法螺貝を吹くような唸り声がしたため気味悪がって元の蛤城に返したといいます．その後，一石を雨乞いのため麓の淵へ沈め，他の石はいまも山上に保存しているそうです．球は直径7～13cmで不規則な外形をなし，角のとれた角礫を中心に丸みを帯びた球殻が取り巻いています．岩質は不均質な黒雲母トーナル岩（閃緑岩の一種で深成岩）で，比較的粗粒で，主に斜長石と石英からなる優白質な部分と中粒で黒雲母と斜長石からなるいくぶん優黒質の部分からなっています．

　このほか，山梨県御岳昇仙峡の新第三紀中新世の黒雲母花崗岩塊にも「蛤石」があります．また高知県下に分布し，主に砂岩頁岩からなる高知統から産する下部白亜系の汽水性環境を示す領石動物群の貝化石を「蛤石」という場合もあります．兵庫県姫路市今宿の高岳神社の社殿背後の高さ約10mの白亜紀の火砕岩からなる岩塊は「蛤岩」と呼ばれ，磐座と見なされていますが詳細は不明です．言い伝えによれば，昔土地の人がこの岩上で蛤を拾い，福徳長寿を得たので命名したといいます．

　節足動物は，体表が硬い外骨格で覆われており，昆虫類，多足類，蜘蛛類，甲殻類の仲間です．代表例として百足にちなむ石を紹介しましょう．岩手県大船渡

百足岩｜岩手県大船渡市末崎半島南東端にある下部白亜系大船渡層群の砂岩頁岩互層からなっています．［K］　JR大船渡線「細浦」駅からバス15分．

　市末崎(まっさき)半島南東端にある下部白亜系大船渡層群の砂岩頁岩互層が浸食により細長く海に突き出た形状の岩塊を「百足岩」と呼んでいます．もちろん足はありませんが．

　山梨県牧丘町郊外の大石神社境内には，大きな岩組みがいくつもありそれぞれが御神体となっていて，その1つが「百足石」といわれます．節理の発達により割れたり，それに沿って浸食風化が進んだ花崗岩岩塊です．長野県上田市別所温泉付近に分布する新第三紀中新世の別所層黒色泥岩中から産する「むかで石」は，ニシン科の魚の背骨の化石です．

　両生類は，その名の通り水陸両方に生息する冷血卵生の脊椎動物で，蛙・イモリ・サンショウウオの仲間です．本章の扉写真の「かえる岩」も秀逸ですが，他にもあります．既述した山形県山寺には，新生代新第三紀上部中新世の山寺層に

蛙岩｜山形県山寺に分布する新生代新第三紀上部中新世の山寺層に属する厚いデイサイト（石英安山岩）火砕岩のカルデラ堆積物の浸食塊です．[K] 🚶JR仙山線「山寺」駅から徒歩7分．

かえる岩｜徳島県海陽町宍喰港にある蛙に似た奇石で別名，「被り岩」とも呼ばれています．奥行き約10m，横幅約15m，高さ約7mある巨岩です．[S] 🚶阿佐海岸鉄道「宍喰」駅から車で約5分．

属する厚いデイサイト（石英安山岩）火砕岩のカルデラ堆積物が分布し，さまざまな奇岩を作っていますが，その1つに「蛙岩」があります．右を向いたユーモラスな蛙の形状がうかがえます．

徳島県海陽町宍喰港にある蛙に似た「かえる岩」も秀逸です．別名，「被り岩」とも呼ばれています．奥行き約10m，横幅約15m，高さ約7mある巨岩です．大きく口を開けたようなユーモラスな形状ですが，「河馬」にも見えますね．くわしい岩質はわかりませんが，遠目には砂岩のようです．

また，和歌山県田辺市稲成川河畔の岩山は新第三紀の礫質砂岩泥岩からなり，大小さまざまな浸食塊が，天を仰ぐヒキガエルの群れを表しているように見え，県指定の天然記念物「ひき岩群」となっています．最大の「ひき岩」は，高さ約

45 m，周囲約 60 m で目の部分が 70 cm もあります．後述するように，高知県の竜串(たつくし)には「蛙の千匹連」という奇岩もあります．

さて，脊椎動物の魚類にちなむ石では，鯉，鮒，鮭，鯖，鯛といったところです．まずは淡水産の鯉にちなむものでは「鯉岩」がありました．というのは，長野県木曾 11 宿の 1 つである妻籠宿(つまご)の口留番所跡の北 30 m のところにあり，鯉が空に向かって跳ねる形をしていたらしいのですが，明治 24（1891）年の濃尾地震の時に転倒してしまったからです．高知県土佐清水市市街の西約 8 km の千尋岬(ちひろざき)西側の付け根，東の足摺岬(あしずり)と西の大堂海岸のほぼ中央部に位置するのが「竜串」です．「竜串」の名は，海に突き出て並列する数条の岩柱が，竜を串に刺したように見えるさまから命名されたとか，いくつもの異説があります．新第三紀中新世として見直されている三崎層の赤褐色泥質砂岩・軟砂岩などが，風食・海食によって軟らかい部分が失われてできた隆起海食台で，奇岩奇勝が連なっています．この中に「鯉石」があります．

徳島県三好郡三好町の南端を流れる吉野川中流の長さ約 2 km，幅 100 m にわたる深い淵が，県の名勝および天然記念物に指定されている「美濃田の淵」です．ここにも多数の奇岩があり，その中に魚にちなむ「鯉釣岩」や「ウナギ石」などがあり，他に「獅子岩」もあります．『阿波名勝案内』でもこのあたりの風景を「吉野川ここに至りてもっともせまく墨絵の妙をきわむ」と絶賛しています．

岐阜県中津川市の丸山神社境内にある巨石に「鮒石」があります．目の部分に相当するくぼみもあり，魚の鮒が礎石をなす俎上に乗っているようにも見えますが，鯨のようにも見えます．全長 7 m，高さや幅はともに 5 m あるそうです．人工説もありますが，いかがでしょうか．

さて，海の魚にちなむ石を見ていきましょう．まず魚の王様，鯛です．青森県むつ市脇野沢より沖合約 1 km に浮かぶ岩場の島が「鯛島」です．面積は 1 万 5868 ㎡ でその名の通り鯛が水面を泳いでいるような形ですが，見ようによっては鯨島ともいえましょう．胴体と尾に別れていて，胴体の方は緑に覆われていますが，尾の方は険しい岩肌が海鳥の糞で真っ白に染まっています．新第三紀中新世の安山岩質火山角礫岩や凝灰岩からなっており，浸食の程度の差からユニーク

鯛島｜青森県むつ市脇野沢より沖合約 1 km に浮かぶ岩場の島．新第三紀中新世の安山岩質火山角礫岩や凝灰岩からなっており，浸食の程度の差からユニークな形状をなしています．[S] 🚗 JR 大湊線「大湊」駅から車で約 45 分．

な形状をなしています．

　この島には悲恋の伝説があります．今から約 1200 年ほど前の延暦の頃，坂上田村麻呂将軍が蝦夷征伐のためこの地にしばらく留まっていたとき，美しい現地の娘とねんごろになり，懐胎させました．しかし都に帰るとき無情にも彼女を置き去りにしてしまったのです．将軍恋しと日夜泣き狂った娘は三つ児を生むと自らの命を断ってしまいました．哀れに思った村人が都に少しでも近いこの「鯛島」に彼女を葬ってやりましたが，それからはこの島附近で船の難破が相次ぎ，女の霊が海蛇となってたたるのだと恐れおののき，この島に誰一人近づかなくなりました．それから 500 年ほど後，この地に難を逃れた藤原藤房卿（万里小路藤房，1295?-?）がこの話を聞き天女の像を自ら刻み，島に祀ったところ怪事が絶えたという伝説のある島ですが，現代になっても島のワカメは女の髪の毛だといわれ，このワカメを採ると海が急に荒れるといって今でも採ることを嫌っているのです．

　鮭も人気のある食用魚です．自然石ではありませんが，秋田県北秋田郡阿仁町阿仁マタギの本拠地とされる根子集落の根子小学校グラウンドにある魚形文刻石

が「鮭石」と呼ばれています．安山岩の自然石の表面に魚の形を線刻したもので，縄文中期の大漁祈願の呪術的意味があると考えられ，米代川支流の阿仁川にも縄文時代にはこのあたりまで鮭の遡上が見られたためと思われています．

　鯖も好き嫌いはありますが，人気が高い魚です．「鯖石」という石材は，青森県大鰐町(おおわにまち)鯖石付近で採掘される灰白色塊状の溶結凝灰岩です．とくに硬い部分を石材として切り出し，土台石，石垣，墓石などに使用します．鯖は「鯖の生き腐れ」といわれるほど腐りやすいので，昔の人は早く流通させることや保存方法に知恵を絞りました．長崎県長崎市から時津港に向かう国道260号線（昔の浦上街道）のバス停「井手園」と「継石」間の西側山中に，「鯖腐らし岩」とか「鯖腐れ岩」と称されるこけし人形に似た形状の岩塊があります．昔，この岩下を通りかかった魚売りが，今にも落ちそうな上部の岩塊を恐れて立往生しているうちに，担いでいた荷の鯖を腐らせてしまったという言い伝えがあります．また，下部の石柱状の岩塊の上に球状の岩塊が継いであるようにも見えることから「継石坊主」とも称され，バス停の名称の由縁にもなっています．昔から有名で，文化2（1805）年に，当時の長崎奉行所役人の大田南畝が「岩かどに　立ちぬる石を　見つつをれば　になへる魚も　さはくちぬべし」と詠んでおり，『長崎名勝図絵』にも掲載されています．地質学的には長崎火山岩類の角閃石安山岩質凝灰角礫岩で，浸食に抗する程度の違いから形成されたものです．同様な岩塊が長崎県西彼杵郡(にしそのぎ)，同南高来郡(たかき)，佐賀県東松浦郡などにも知られ，司馬江漢の『西遊日記』にも記述されています．

　爬虫類にちなむ石は第7章で紹介しますが，その次の進化過程が鳥類です．鳥の名前は，色合いなどから石材の名称としてよく使われています．石灰岩や大理石では「白鷹」「鶉(うずら)」「時鳥(ほととぎす)」「カナリヤ」などです．ところで，「石燕(せきえん)」は古生代の腕足類の化石で，「燕子石(えんじいし)（蝙蝠石）」は三葉虫の化石です．

　最後に，「すずめ岩」を写真で紹介しておきます．

　このほか石の性質にはお構いなく，岩の上に鷹が巣を作ったから「鷹ノ巣岩」とか，鷗(かもめ)が群れ集うから「鷗岩」と呼ぶこともありますが，本筋ではないので割愛しておきましょう．

すずめ岩｜宮崎県日南市の鵜戸神宮付近の海岸にありますが，なぜ「すずめ岩」というのかそのいわれはよくわかりません．雀が羽を広げた形に似ているという人もいますが，新第三紀中新世後期の宮崎層群鵜戸層の砂岩塊です．［K］　JR日南線「油津」駅から宮崎交通バス宮崎駅行きで20分，「鵜戸神宮入口」下車．

亀にちなむ石

　童謡や童話でなじみの深い亀は，異称を「蔵六」といいます．これは頭や足など6つの部分を体内に隠すところからきていますが，歴史的には進化の過程があります．爬虫類カメ目の総称である「亀」は古生物学的には4グループがあります．ヨーロッパの古生代後期三畳紀の最古の亀類や中生代ジュラ紀・白亜紀に世界的に繁栄した亀類は，首や四肢は甲羅の中に引き込めませんでした．中生代白亜紀に出現し，現在は南半球に分布している亀類は，首を横に曲げて甲羅に引き込めます．現在最も繁栄している亀類は，中生代ジュラ紀末に出現し，後期白亜紀に北半球で発展し海生のものも現れました．大型のものも多く，首をS字

状に縮めて真っ直ぐに甲羅の中にひっこめることができます．日本では白亜紀以降，各地で亀の化石が発見されています．

まずは，亀の首にちなむ石から始めましょう．そのまま「亀の首岩」と称されるものです．このいわれは次のようです．広島県豊田郡生口島(いくち)の玄関口にあたる瀬戸田町の室浜に，昔，亀主と呼ばれる亀の親方がおり，付近一帯の亀を子分として支配して航行する船を沈めては財宝を奪ったり，人間を食べたりして猛威を振るったといいます．そのうち亀主は庄屋を呼びつけ，甲羅の数にあわせて49日に一人生贄を要求するようになりました．期日が迫った折，島の向上寺の調明という小僧がやってきて，亀主を言葉巧みに山上の寺に誘いました．坂の途中で弱った亀主の隙をみて仕込み杖を抜き，亀主の首を切り落としたそうです．その首が空高く舞い上がって海中に落下し，今日「亀の首岩」といわれる大岩になったそうです．

次に亀にまつわるいわれを概観してみましょう．

古来，中国では亀は万年の長寿を保つ霊獣とされ，たとえば，渤海の東に位置していた蓬萊山(ほうらいさん)が波のまにまに上下してきわめて不安定だったため，仙聖の訴えによって天帝は大亀15匹をもってこの山をいただくように命じ，以後固定したといいます．これより蓬萊山は「亀山」とも「亀の上の山」とも呼ばれるようになりました．紫式部の『源氏物語』胡蝶の巻に「亀の上の山も尋ねじ船の内に老いせぬ名をばここに残さん」とあるのはこれを踏まえているのです．また，古代中国の殷の時代に盛んに用いられた最高位の占いである亀卜は，亀の甲に錐で穴を開け，焼いた木の棒を揉みこみ，生じたひびの形（兆し）で吉凶を占うものです．このように中国の影響を受けて日本でも亀は親しまれてきました．亀を描いたものとしてわが国で歴史的に有名なのは，奈良県生駒郡斑鳩町(いかるがちょう)の中宮寺が所蔵する，7世紀に聖徳太子を偲んで天国の様子を表したといわれる「天寿国(てんじゅこく)繡帳(しゅうちょう)」にある亀の図案で，ほぼまん丸な甲羅が特徴的です．

では，石の世界における亀の活躍を紹介しましょう．

まずは，「亀卵石」です．本物の亀の卵はピンポン玉のような丸いものですが，ここでは白ないし乳白色の鶏卵状の石で，長径約5cm，短径約3cm程度

亀にちなむ石

です．過日筆者（加藤）が，とある中国物産展で買い求めましたが，ガラスの器に水を張って，その中にたくさん入れてありました．「観音石」ともいうそうです．中国では有名な石だというのですが，いかにもうさんくさく人工的に削って磨いた感もします．石そのものはメノウ（agate）で，まさに単なる二酸化ケイ素です．

　洋の東西を問わず，亀のモチーフは石製のものに限ってもかなり普遍的に知られ，いろいろいわれがあるものが多いのです．ここでは天然の岩塊に加工して亀形にしたものや，多少でも人為を加えたものを紹介しましょう．まずは，近頃なにかと話題の多い遺跡がらみの「亀石」から始めましょう．

　亀の石造遺跡として最近の話題は，何といっても奈良県は明日香村の亀形の花崗岩製水槽です．約1300年前の飛鳥時代（一説では斉明天皇の時代）の遺跡の一部です．遺跡自体は東西約35 m，南北約20 mで，その中心の平坦部約12 m四方には人頭大の石が敷きつめられており，その南端にデザイン化された亀形の花崗閃緑岩製の水盤状石造遺物が位置しています．全長は約2.4 mで，直径約1.6 m，深さ約20 cmの円形水槽をなす胴体部分に，南を向いた亀の頭と4本の脚や尾に相当する部分もあります．亀頭の南側には小判形の石の水槽もあります．湧水施設に用いられているレンガ様の切石は，新第三紀中新世の藤原層群豊田累層に属する天理砂岩です．さらに，尾の先から長さ約10 mにわたって水路状の溝が延びており，その反対側延長部に有名な花崗岩製の「酒船石」が位置します．これらが何に用いられたのかは，今後憶測の種となることでしょう．もっとも，従来有名だったものは，奈良県飛鳥地方橘寺西方300 mほどの田圃の中にある花崗岩巨石の下部にある亀のような獣面を刻した「亀石」です．少なくとも平安時代からそう呼ばれていたそうです．手足部分はなく製作途中の感がしますが，その用途や年代は不明です．この亀の首が西を向くと大和一円が大洪水になるとの伝説があるそうです．

　「楯築(たてつき)の亀石」は，岡山県倉敷市矢部の弥生時代後期の墳丘墓である片岡山上の石の祠に祭ってあった楯築神社の御神体石で，縦横90 cm，厚さ30 cmほどの平たい安山岩塊です．表面には，弧帯文と呼ばれる帯をぐるぐる巻いたような

亀石｜奈良県飛鳥地方橘寺西方に位置し，花崗岩製ですが詳細は不明です．[S] 近鉄吉野線「飛鳥」駅下車，北東方に徒歩約35分，自転車で約10分．

楯築の亀石｜岡山県倉敷市矢部の楯築神社の御神体石で，縦横90 cm，厚さ30 cmほどの平たい安山岩塊です．表面には，弥生時代後期に彫られたという弧帯文が巻いたように浮き彫りされています．[S] 中鉄バス山手経由総社行き「矢部」下車．またはJR山陽本線「倉敷」駅から車で約15分．

呪術的な模様が浮き彫りされ，その間から卵形の人の顔が覗いています．弥生時代後期（3世紀後半）に彫られた文様といわれています．この石自体はあまり亀には似ていないのですが，「亀」はしばしば「神」の転用語となるので，本来は，「神石」ではないかとの推測もあるほどです．江戸時代には「龍神石」ともいわれたそうです．葬祭儀式用の石だとか例の磐座だとかいわれていますが，決め手はありません．吉備津彦命が温羅という鬼と闘った時，この石を盾にしたと

いう伝説もあります．近くに同様な小型の亀石（これは流紋岩で火にかけられていたらしい）が砕かれて埋められており，調査の結果，弥生時代のもので，葬儀に関わるものと判明しました．一見の価値があるユニークな文様です．

　石彫にも亀の形をしたものがあります．たとえば，石塔の一種で亀の形を彫刻した台石の背に角柱，板柱や円柱型の石碑や墓石を建てたものを「亀趺(きふ)」と呼びます．元来は中国で特定の人物の業績を記した碑である「行状碑(ぎょうじょうひ)」に用いられた様式の1つです．したがって，そもそもこの「亀趺」という名称は「碑」そのものの代名詞でもあります．長崎県長崎市の孔子廟は，明治26（1893）年に中国人が海外で建造した唯一の孔子廟です．そこにある「亀趺」は，中国的な形象で晶質石灰岩（いわゆる大理石）製です．説明文によると，この亀は竜の9人の子の中で力持ちで重いものを背負うのが好きだったそうで，名前は「贔屓(ひいき)」というそうです．「贔屓のひきたおし」の語源にも関係するそうですが，それはともかく中国古代の人々は勲功人徳のあった人を称えて石碑を立てる際，贔屓を模した石台の上に据えて長く倒れないように願ったのです．

　亀趺は，日本にも伝わり各地で大名が建造しました．たとえば，東京都墨田区向島(むこうじま)の弘福寺にある松平冠山の墓もこの「亀趺」で，天保4（1883）年の建造です．島根県松江市月照寺境内にある松江藩六代松平宗衍(むねのぶ)の墓前にあるのは，巨大な石亀の台座上に高さ約5mの棹石が乗った立派なもので，「寿蔵碑」とも称されます．

　さて，日本で最大級の亀趺を紹介しましょう．福島県の猪苗代湖北方すなわち磐梯山南麓に位置する土津(はにつ)神社は，徳川秀忠の第四子で江戸在府時の玉川上水建設で知られる会津藩祖の保科正之（1611-72）を祀っています．延宝3（1675）年，正之の遺命によって建立されましたが，戊辰戦争によって焼失し，明治7（1874）年に再建されました．司馬遼太郎の小説『王城の護衛者』の冒頭に「会津松平家というのは，ほんのかりそめな恋から出発している」とあります．秀忠は，歴代徳川将軍の中で唯一といっていいほど側室をもちませんでした．正室のお江与(いよ)の方がきわめて嫉妬心が強かったためでもあります．しかし物事には，すべて例外があります．奥女中のお静の方を寵愛した結果，生まれたのが正之でし

亀趺｜長崎県長崎市の孔子廟にあり，晶質石灰岩製です．台座の亀は竜の9人の子の中で最も力持ちで重いものを背負うのが好きだったそうで，名前を「贔屓」というそうです．[K] 　「大浦天主堂下」バス停から徒歩約3分，JR長崎本線「長崎」駅から車で約8分．

た．母子および一族は，お江与の方の追及に対し身の安全を図るため大変苦心しました．後年，彼が制定した「家訓十五カ条」の4番目に「婦女子の言，一切聞くべからず」とあるのは，これがトラウマになっていたのではないかと勘ぐられます．境内にあるのが次頁写真の土津霊神碑です．延宝2（1674）年に完成したこの「亀趺」は，日本最大といわれます．正之の経歴を記した竿石の碑文は山崎闇斎が文を選したもので，1943字からなり一字の大きさは約9cm四方です．書き記したのは当時能筆家として著名な上高庸（土佐左兵衛高庸）でした．この竿石は，高さ約6mほどで，ここから約16km西方に離れた八田野（現在の河東町）から人夫3千人を要して運んだといわれています．

さて，猪苗代湖北方に位置する磐梯火山は，「会津富士」とも呼ばれるコニーデ型の火山で，最高峰の磐梯山（大磐梯，1818m），赤埴山および櫛ヶ峰からなっています．火山体の基盤は，新生代第四紀下部更新世の主にデイサイト質凝灰岩の火砕流堆積物からなっています．火山活動は5期に区分され，第Ⅰ～第Ⅲ期の活動で古磐梯火山が，第Ⅳ～第Ⅴ期の活動で新磐梯火山が形成されました．第Ⅰ期には，複輝石安山岩溶岩が流出し，火山角礫岩が堆積し，第Ⅱ期には，複輝石安山岩・スコリア（玄武岩質マグマの発泡によって生ずる多孔質の火

土津霊神碑（左）と碑の土台の亀石（上）｜福島県の猪苗代湖北方、磐梯山南麓に位置する土津神社境内にある保科正之の「亀趺」。磐梯山の安山岩溶岩からなっています。「亀石」は、夜になると猪苗代湖の水を飲みに行ってしまうので、北向きに据え直したといいます。[K]　JR磐越西線「猪苗代」駅から車で10分、徒歩40分。

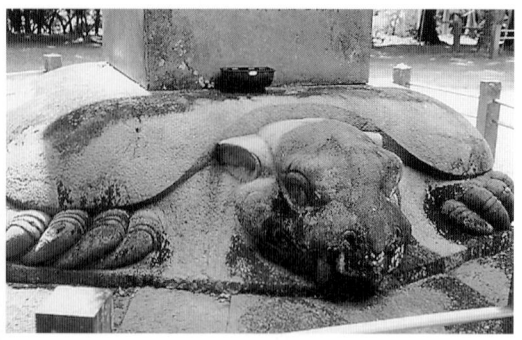

山砕屑物）～軽石堆積物などが堆積して、赤埴山・櫛ヶ峰の下部を形成しました。第Ⅲ期には、主に安山岩質溶岩が流出し、赤埴山上部・櫛ヶ峰中部を形成しました。第Ⅳ期の活動で、古磐梯火山南西部が水蒸気爆発で崩壊し、岩屑流堆積物が当時の日橋川をせき止めて猪苗代湖の原形が生じたのです。この時、爆裂火口中に新たに溶岩が流出し、新磐梯火山を形成しました。第Ⅴ期には小規模な火山活動が生じましたが、主に山体崩壊が続きました。

　「亀趺」を構成している石材の採石地は直接確認できませんが、岩質は安山岩で、位置からすると第Ⅳ期の磐梯山の火山活動に由来する押立・大磐梯溶岩類でしょうか。台石は、高さ約0.9 m、長さ約5.1 m、幅約3.2 mで亀の形をしています。土町の東から運ばれたものといわれています。とすると、赤埴火山噴出物の一部で第Ⅲ期の火山活動に由来する更新世中期の輝石安山岩溶岩でしょう。この台座の「亀石」は、最初南向きに据えられていたところ、夜になると眼下に見える猪苗代湖の水を飲みに行ってしまうので、北向きに据え直したといわれます。なかなかいかつい顔の亀です。足から判断すると陸亀ですね。

　このほか、天然の岩塊に文字を刻んだり、書いたりした亀石もあります。宮城県黒川郡大和町吉岡から南西方に位置する7つの孤立峰を七ツ森と呼び、その

亀石 | 岡山県岡山市亀石神社にあり，神武東征の途中大亀にのった釣り人が現れ案内をしたときの亀が岩となったと伝えられています．亀石は海辺に首を持ち上げて海に向かって鎮座し，長さは2m弱で玉垣に囲まれています．この玉垣の中にある小石でこするとイボが落ちるといわれ，お礼に石を倍にして返すという民間信仰が残っています．江戸時代中期には，岡山藩が岡山城下の後楽園へ船で移そうとしたところ，旭川河口で動かなくなり，夜中に光り出したため元に戻したという話も伝えられています．[S] JR山陽本線「岡山」駅から両備バス宝伝行きで，「水門亀岩」下車，徒歩1分．

一番南西端に孤立するのが笹倉山（506.5m）です．新第三紀鮮新世に噴出した紫蘇輝石安山岩からなる硬い七ツ森火山岩が，柔らかい宮床凝灰岩上に浸食に抗して突出したものです．この中腹の標高390m付近に「亀の子岩」が位置しています．「亀の子岩」に刻まれている亀形は，明治元（1868）年戊辰の役に従軍した郷土の英雄，当時24歳の小隊長であった吉川恭輔が出陣を記念して刻んだものだそうです．福井県坂井郡の「亀石」は，亀形の岩で，背中の部分に弘法大師が書いたという字が残っており，この字を読むと「亀石」が動くといいますが，まだ誰も読めた者がいないというのです．したがってまだ動いたことがないというわけです．うまい言い訳です．天然の岩塊を組み合わせて亀に見立てたものもあります．たとえば，高知県土佐山田町鈴ガ森の通称「古神」または「神奈備山」には，「夫婦亀石」，「夫婦亀」または「親子亀」と称される5個の石を組み合わせて頭を北に向けて重なり合った二体の「亀岩」があります．自然石を利

用したものですが，目の部分は人手によって穿たれたくぼみのようです．また山全体を亀に見立てて「大亀」と称することもあるとのことです．

　さて，元あった場所に戻さないと祟りがあるといわれる石は種々ありますが，「亀石」にもあります．岡山県岡山市水門町を流れる千町川が，水門湾に注ぐ河口から少し東に寄った海辺にある亀石神社（祭神は珍彦命(うずひこのみこと)と海童神(わだつみのかみ)の二柱）のご神体である「亀石」は，甲羅にあたる部分が畳2畳ほどもある巨石です．海辺に首を持ち上げて海に向かって鎮座し，干潮時には浜に浮き上がっているように見えますが，満潮時には背中まで水につかるそうです．『古事記』には，神武天皇の東征時に，吉備の速吸門(はやすいのと)で大亀に乗った釣り人（宇豆毘古命）に水先案内をしてもらったという話があり，その亀が化石となったのがこの「亀石」といいます．江戸時代中期には，池田の殿様がこの石を船で岡山城下に移そうとしたところ，旭川河口で船が動かなくなったので，この石を投げ捨てたところ夜な夜な光を発するなど不思議なことが続出し，元の場所に返して祀ったといいます．この石はまたイボ治しの神様としても知られ，さらにイボに限らず胃病などのイのつく病気なら何でも効くという民間信仰の対象ともなっています．岩質は不明です（たぶん白亜紀の花崗岩）．もちろん化石ではありません．

　愛知県額田郡宮崎村大字亀穴(ぬかた)の林端寺の東裏に亀石明神として祀られている大小数個の「亀石」には，次のような伝説があります．昔，亀穴の徳三郎という者が薪を刈りに山に入ったところ白髪の老人に会い，老人は「汝の里亀穴に亀石とて往古より村人の守護神あり．若し尊敬を欠く時は災難に罹る」と告げて姿を消しました．徳三郎は郷里に帰り，あちこち訪ねると当時の尾州公がもっていたので譲り受けて亀穴に返し，以来村人の守護神として崇拝したといいます．

　宮崎県日南市の「鵜戸神宮の亀石」は，ご本殿の海に浮かぶ霊石で，豊玉姫が竜宮から乗ってきた亀が石になったといわれています．岩の枡形に男性は左手，女性は右手で願いを込めながら運玉を投げ入れれば願いが叶うといいます．新第三紀中新世後期の宮崎層群鵜戸層の砂岩からなっています．

　亀といえば鶴です．ともにめでたいいわれがあり，一緒にペアを組むことも多いのです．青森県西部に位置し，津軽藩の城下町として栄えた弘前市の弘前城内

鵜戸神宮の亀石 | 宮崎県日南市の鵜戸神宮本殿前の海岸にある新第三紀中新世後期の宮崎層群鵜戸層の砂岩塊です．[S]　JR日南線「油津」駅から宮崎交通バス宮崎駅行きで20分，「鵜戸神宮入口」下車．

の一画に広がる鷹揚園の一隅に石垣の一部が残っています．この中の最も巨大な石塊が「亀石」と名づけられています．形は亀とは何の関係もありません．岩木山のものかどうかは確定できませんが，岩質的には同様で輝石角閃石安山岩です．すぐそばに高さ約2.4m，樹高約6mで樹齢300年以上と推定されるアイグロマツが生えています．看板によると「鷹揚園内随一の名木である．老鶴形に仕立てられ美しく優雅な形をしているところから「鶴の松」と呼ばれている」そうです．まあ「鶴と亀」のしゃれでしょう．日本で鶴亀コンビが現れたのは，平安時代以降のようです．平安時代初期の延喜5（905）年に紀貫之らが撰進した『古今和歌集』の序に「鶴亀につけて君を思ひ人をも祝ひ」とあります．さて，「鶴は千年，亀は万年」といわれますが，このいわれは紀元前130年頃の漢の時代に刊行された百科全書である『淮南字』の「説林訓」に「鶴寿千歳亀三千歳」とあることによるそうです．これがいつの間にか「亀は万年」と誇張されたのです．いずれにしても長寿を寿ぐおめでたい生き物とされているのはごぞんじの通りです．弘前城に現存する五棟の城門の内最大かつ最古の北門は，南津軽郡
<small>ひらかまち</small>
平賀町にあった大光寺城の城門を二代藩主津軽信枚が慶長16（1611）年に弘前

121

亀にちなむ石

亀石（左）と鶴の松（右）｜青森県弘前城内に残る石垣の中で最も巨大な石塊で，輝石角閃石安山岩からなっています。[K] 🥾 JR奥羽本線「弘前」駅から弘南バス市役所方面行きで15分，「市役所前」下車すぐ．

岩木山の石｜青森県鰺ヶ沢町日和山上にある岩木山の形をしているという安山岩（？）塊．[S] 🥾 鰺ヶ沢町役場から車で10分，徒歩5分．

第6章 進化の流れに沿って

鶴の石灯籠（上）と亀石（右）｜鹿児島県鹿児島市の仙巌園内にある庭石で，第四紀桜島安山岩溶岩からできています．[K] 🚶 JR九州「鹿児島中央」駅から車で25分．鹿児島空港から車で40分，バス停「カゴシマシティービュー仙巌園前」下車．

城築城に際して追手門として移築再建したものです．昭和12（1937）年に重要文化財に指定されました．棟高12.7 mの堂々とした門ですが，別名「亀甲門」と称されています．また，北門口に懸かる橋が「亀の子橋」なのです．

　ついでに岩木山の石（鯵ヶ沢町）を紹介しておきましょう．弁財船が運航していた時代，出港時に天気予測をするために登った日和山にある石です．前頁下の写真のように岩木山遥拝所になっていて，岩木山の形をした石が奉納されています．似ていますかね．

123

亀にちなむ石

さらに，鶴と亀にちなんだ話題を本州最南端から紹介しましょう．鹿児島県鹿児島市にある仙巌園（せんげんえん）は，万治元（1658）年に造営された島津家代々藩主の別邸だったところです．錦江湾と桜島を借景としたみごとな名園です．ここにも鶴亀ちなみのものがあります．1つは，そのものずばりの「亀石」です．その後方にある石灯籠は，笠の部分が鶴翼に似た形状をしていることから「鶴の石灯籠」と称されているのです．いずれも桜島の溶岩をもってきて据えたものでしょう．

　「亀（甲）石」「亀（甲）岩」と名づけられた岩塊は各地にあります．狭義の「亀甲石」とか「亀甲岩」と呼ばれるもの（しばしば単に「亀石」「亀岩」とも呼ばれます）には，成因的に大別すると2種類あります．1つは細粒の堆積岩（泥岩や石灰質泥岩など）が乾燥収縮するときの応力条件から六角形状（四～五角形状の場合もある）つまり亀甲状に発達した乾裂中に沈積した方解石（まれに重晶石，透石膏や黄鉄鉱）脈があるもので，一種の団塊（コンクリッション，ノジュール）です．たとえば，「秩父亀甲石」として知られるものは白亜紀の石灰（質）岩です．長野県上田市から別所電鉄で西方へ約25分，終点の別所温泉にある安楽寺は，国宝八角三重の塔で知られています．その庭に据えてある直径2 m以上，高さ約1 m程度の偏平な甲羅状の「亀石」もこのたぐいで，堆積物中に膠結物質が分離濃集した団塊ないし不規則塊です．新第三紀中期中新世（ここでは約1500万年頃）別所層の黒色泥岩から産する石灰質泥岩のかたまりで，亀の甲に似た模様が表面にあります．乾裂が内部まで達しており，一部崩壊しつつあるのが惜しまれます．もう1つは，塩基性（珪酸分の少ない）マグマが冷却収縮するときにできる六角柱状の節理の断面がよく現れているものです．小さいものは磨き上げていわゆる鑑賞石として銘をつけて珍重されることもあり，また比較的大きなものは庭石として使われる場合もあります．

　広義の「亀甲石」とか「亀甲岩」と呼ばれるもの（同様に「亀石」「亀岩」とも呼ばれます）には，単に形が亀のように見える岩塊を称する場合も含みます．岩質ごとに例をあげておきましょう．まず，地下の比較的浅いところでマグマが固結した火成岩である火山岩からなるものを紹介しましょう．

　長野県下伊那郡根羽村（ねば）指定の天然記念物である「池の平の亀甲岩」は，地上高

亀石｜長野県上田市別所温泉にある県内最古の禅寺安楽寺の庭にある新第三紀中期中新世（約1500万年前頃）別所層の黒色泥岩から産する石灰質泥岩の団塊です．[K]
🚃上田交通「別所温泉」駅から徒歩約15分．

　約 2.4 m，幅約 2.5 m の柱状節理が発達した黒色の玄武岩塊で，新第三紀中新世の池の平溶岩類に属します．周辺には領家変成岩類が基盤として広く分布しています．心ない人間のいたずらで池の平の池が荒れ，泉も枯れそこに住んでいた大亀の親子は死んで岩になったという昔話があるそうです．小川川(おがわがわ)の東側のムネバタ牧場付近にも点在するそうです．ハンマーで叩くと金属音がするので地元では「カンカン石」とも呼びますが，これは本来の「カンカン石」である四国のサヌカイト（古銅輝石安山岩）とは別物です．ここから南へ県境を超えて 500 m ほどの愛知県北設楽郡側の池ケ平牧場にも同種の「亀甲石（岩）」があります．こちらには，その昔県境を超えて雄亀と雌亀が行き来し，たくさんの子亀が生まれたという話があり，点在する小さな亀甲石の由来を説明しています．これは愛知県指定の天然記念物です．

　福井県坂井郡三国町の東尋坊(とうじんぼう)は，昭和 10（1935）年に国の名勝および天然記念物に指定されている北陸地方の景勝地の 1 つで，日本海に面した高さ 25 m ほどの海食崖です．その名は寿永元（1182）年，越前平泉寺にいた悪僧で，その悪行の数々によってここから海に突き落とされた東尋坊の名に由来します．彼の死後，その怨念によるためか付近には怪異が続発したといいます．東尋の名は，「人は死ねば西国浄土に行く」が，悪僧の身は西国浄土に行けず，東を尋ねたことを意味するそうです．ここは新第三紀米ケ脇累層の礫岩や凝灰質砂岩・角礫岩をほぼ水平に貫く新第三紀中新世（ここでは約 1300 万年前）の，垂直な亀甲状の柱状節理が発達した複輝石安山岩の溶岩からなる岩床です．浸食によってさま

亀甲岩｜愛知，長野，岐阜の3県が相境する三国山の頂上から東方へ約600mのところに位置する（豊田市）小高い山嶺上にあり，愛知県の天然記念物である亀甲状節理が発達する玄武岩塊です．亀甲形状は，長径20mから5m程度の不整な五角形から六角形です．[S]　「道の駅いなぶ」から車で約30分．

ざまな奇岩が形づくられ，その1つに「亀岩」と命名された岩があります．

　次に，地下の比較的深いところでマグマが固結した火成岩である深成岩からなるものを紹介しましょう．まず，宮城県金華山西海岸にある「亀石」です．「金華山」は島の名前であり，同時に中央部の高所をなす標高449.5mの山の名前でもあります．牡鹿半島の東方約1kmの太平洋上に位置し，東西約4km，南北5kmで周囲約26km，面積約9km^{2}の小島です．奈良時代の代表的歌人の1人である大伴家持（718?-785）の歌「すめろぎの　御代栄えんと　東なる　みちのく山に　黄金花咲く」（万葉集）は金華山を詠んだものといいます．島全体は，中生代前期白亜紀の金華山花崗岩類です．もう少しくわしく見ると，島の西部は主に中粒片状黒雲母角閃石石英閃緑岩で，主部〜東部は中粒黒雲母〜角閃石黒雲母花崗閃緑岩からなります．石英閃緑岩中のカリ長石の量が増えると花崗閃緑岩に移化します．港は島の西岸にあり，そこには次頁の写真にあるような「亀

亀石 | 宮城県金華山西海岸にある海亀状を呈する岩塊で，中生代前期白亜紀の金華山花崗岩類に属する中粒片状黒雲母角閃石石英閃緑岩からなっています．
[K]　🥾JR石巻線「女川」駅から徒歩5分の鮎川港から船で13分．

石」が海上に現れています．亀の前肢がよくできていて，珍しくも明らかに海亀の形状をなしています．この岩質は，前述のように石英閃緑岩です．

　花崗質岩からなる亀岩は他にもあります．島根県仁多郡仁多町三成の「鬼の舌震い公園」は揖斐川支流大馬木川の中流約3kmに及ぶ花崗岩が浸食されてできたV字谷周辺のことで，昭和7（1932）年に国指定の名称・天然記念物となりました．この川床にある奇岩の1つに「亀岩」があります．また，広島県・山口県の境に位置する県指定の名勝である弥栄峡の川底にある花崗岩巨礫の1つも「亀石」と称されています．

　堆積岩からなる亀石（岩）もあります．三重県と和歌山県の境をなす熊野川の支流北山川に沿う瀞峡は，吉野熊野国立公園に属し，中生代白亜紀の日高川層群竜神累層が分布します．いずれも砂岩や泥岩ないしその互層からなり，その浸食塊の1つに「亀岩」があります．甲羅干しをしている亀の後ろ姿に似ているところから名づけられたのでしょう．なんとなくユーモラスですね．頭部の砂岩塊は4m四方ほどあり，胴の長さは約13mで，層理面に沿って広がる背中の部

亀岩｜和歌山県瀞峡岸にあり，白亜紀の日高川層群竜神累層の砂岩などの堆積岩からなっています．[K] 🚌 JR紀勢本線「新宮」駅からバスで40分，「志古」下車，ウォータージェットで遊覧できます．

分は30畳あまりということです．

　何となく亀に似た鍾乳石や石筍（石灰岩）に亀にちなんだ名前をつけることはよくあることです．和歌山県日高郡由良町付近に分布する約2億5000万年以上前の古生代の石灰岩中に発達する戸津井鍾乳洞には，「小亀石」「大亀岩」などと命名された鍾乳石があります．岩手県岩泉町にある日本三大鍾乳洞の1つと称される竜泉洞は中生代ジュラ紀（ここでは約1億2000万〜1億6000万年前）の石灰岩からなっています．やはり洞内の奇岩にはさまざまな名称がつけられていますが，ここの「亀岩」は天井部の崩落によって床面に転がっている平たい石灰岩塊に命名されたものです．

　新第三紀の凝灰岩ないし凝灰質砂岩も浸食されやすく，形状石としての「亀石」も各地にあります．千葉県鴨川市海浜の浜波太の漁港のすぐ前の渡し船で5分ほどのところに仁右衛門島があります．昔からの所有者である平野仁右衛門の家が一軒だけあったことからそう呼びならわされています．弁天道という道を通って島の西端に行くと「亀岩」があります．これは新第三紀前期中新世とされる保田層群の凝灰質砂岩からなっています．

亀形石｜高知県土佐清水の足摺岬の近くにある足摺七不思議の1つで，高さが約2mあります．付近に分布する新第三紀中新世の花崗質岩の転石でしょう．[S] 🚌黒潮鉄道「中村」駅から車で約60分．

大野亀｜新潟県佐渡両津市鷲崎にある海中に突き出た変質の著しい粗粒玄武岩からなる亀の甲羅状の巨大な岩塊です．新第三紀中新世の真更川層に貫入したほぼ同時代の岩床です．[K] 🚌両津港からバスで75分．

亀にちなむ石

そのほか，次に述べるようにいろいろな理由から岩質不明な「亀岩」もあります（ありました）．長野県諏訪地方には七石・七木という巨石・巨木信仰が古くからあり，神が降りるところと信じられてきました．ここの七石は「御座石」「御沓石」「硯石」「蛙石」「小袋石」「小玉石」および「亀石」のことをいいます．他の石は現存するそうですが，茅野市宮川にあったという「亀石」は残念ながら洪水で流出して，現在では行方不明となっています．たぶん，亀の形になんとなく似ていた天然の岩塊だったのでしょう．宮崎県 都城市庄内町を流れる大淀川支流の庄内川上流の甌穴の発達する川床を「亀甲岩」ともいいます．甌穴（ポットホール）は，岩盤の凹みに入った小石などが流水で回転して穴を削り広げていってできたもので，ここの甌穴は「関之尾の甌穴」として昭和3（1928）年に天然記念物の指定を受けています．

　さて，高知県土佐清水の足摺岬の近くにある足摺七不思議の1つの「亀形石」を紹介しておきましょう．とくに顔の部分がたいへんうまくできていますが，人工的に加工した痕跡がない珍しい「亀形石」で，高さが約2mあります．付近には新第三紀中新世の花崗質岩が分布しています．

　さらに大きく自然界に目を広げてみましょう．地名はともかく地形にも亀にちなんだものが多々あります．たとえば新潟県の佐渡島の北東端の海岸沿い，佐渡両津市鷲崎の弾崎灯台の西約3kmに「二つ亀」というのがあります．遠望すると2匹の亀が甲羅干しをしているように見える巨岩です．ここの「カメ」という語は，アイヌ語で神聖な場所を意味するそうです．干潮時には砂州ができて歩いて渡れますが，満潮時には孤立してしまいます．「二つ亀」の南西2.5kmにある大きな亀がうずくまっているような形をして海中に突き出た標高167mの半島部分や，その岩塊部を「大野亀」と俗称しています．やはり亀の甲羅状の巨大な岩塊です．いずれも変質の著しい粗粒玄武岩（ドレイライト）からなっています．この岩石の化学組成は玄武岩と同様ですが，ガラスを含まず，より粗粒で輝石に多数の短冊状斜長石が透入している組織が顕著な点で異なります．この岩塊は，付近に分布する新第三紀中新世の真更川層の植物化石片を含むシルト岩などの堆積岩に貫入したほぼ同時代の岩床が浸食されてできたものです．

蛇にちなむ石

　干支でミ（巳）というのはヘビのことですが，平安朝までは「ヘミ」といい，ヘビは俗語とされていました．このことはミの発音が時代とともにビの発音に変化してきたことを示唆しています．世界的にみても蛇と人との関わりは数多くの神話・民間伝承・宗教説話に登場します．蛇が嫌いな人は多いのですが，世界の多くの神話に共通する「人間が純真無垢をなくしたのは蛇の唆しのためである」というモチーフに起因するともいえましょう．しかし一方で，蛇の脱皮を死者の再生になぞらえ，復活の象徴ともみなしていました．軟体動物であるアンモナイト化石の形状は人々にとぐろを巻いた蛇を連想させ，「蛇石」ともいわれていました．

　日本では，すでに縄文土器に具象的な蛇の意匠がみられますが，弥生時代の装飾古墳の彩色絵画や埴輪あるいは装飾須恵器などにはどういうわけか蛇の意匠は見当たりません．しかし，現在よりは生活の中で蛇に遭遇することは多かったでしょう．

　さて，蛇の字のついた石として真っ先に思い浮かべるのは「蛇紋岩」でしょう．これは，かんらん岩と密接な関係があります．かんらん岩は，珪酸分 SiO_2 がきわめて少ない（約 45 重量% 以下）火成岩である超塩基性岩に属し，かんらん石と輝石を主成分鉱物として地殻の下のマントル最上部を構成します．さて，かんらん岩が外部からの水と反応すると，かんらん石や輝石は蛇紋石に変化します．これを蛇紋岩化作用と呼びます．そこで主に蛇紋石からなる岩石を蛇紋岩と称します．つまり，蛇紋岩は変成岩の一種なのです．

　有名な詩人であり童話作家でもあった宮沢賢治が，蛇紋岩に深い思い入れをもっていたことはよく知られています（加藤，2006）．たとえば，かれの作品でも「わが青き蛇紋岩のそばみちに」「茶や橄欖（かんらん）の蛇紋岩や」「窓のそとでは雪やさびしい蛇紋岩の峯の下」「蛇紋岩の青い鋸」など枚挙に暇がないほどです．かれは，サアペンテインとルビを振っていますが，じつはこれは蛇紋石のことなのです．英語で「蛇紋岩」は serpentinite（サアペンティナイト）で，「蛇紋石」が

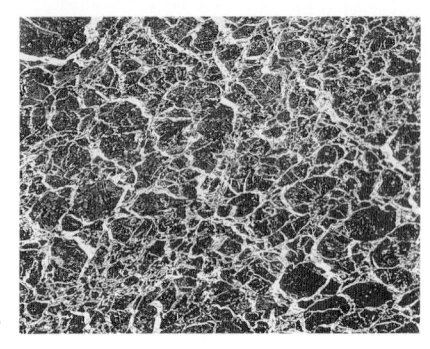

蛇紋岩｜石材としては「蛇紋石」とも呼ばれます．
装飾用の壁・床材として利用されます．[E]

serpentine（サアペンテイン）なのです．いずれもラテン語の serpens（蛇）に由来します．鉱物名と岩石名が混同されているようですが，現在のような意味で「蛇紋石」と「蛇紋岩」の区別がなされるようになったのは，実に1950年代になってからなのです．また，本来日本語では，岩石名は「…岩」で，鉱物名は「…石」なのですが，石材名としては慣用的に「…石」と称する場合があるからです．

　さて，賢治の詩集『春と修羅第二集』に「鬼言（幻聴）」という短い詩があります．「三十六号　左の眼は三　右の眼は六　斑石をつかってやれ」というものです．ここで「ぶち」は「まだら」の類語で，地質学的な俗称は「まだらいし」です．これも蛇紋岩の石材名の1つなのです．国会議事堂の副議長室の暖炉に使用されています．茨城県久慈郡や熊本県益城郡から産出するものが有名です．「竹葉石」とも呼ばれますが，小さい磁鉄鉱粒を含む柱状〜板状のかんらん石結晶が竹の葉状に散っているように見えることから命名されたものです．この蛇紋岩が風化してアスベスト（石絨）になります．ほぐすと綿のようになる石なので「石綿」ともいいます．「石綿」という語が一般化する前は「絨」の文字が用いられました．ローマの有名な博物学者プリニウスが，生石灰を指す asbestos と石綿を指す amiantos を取り違えて記載した話はよく知られています．間違いは引き継がれて，現在でも石綿をアスベスト asbestos としています．耐熱性・耐薬品性・電気絶縁性などに優れているので大いに使用されましたが，最近ではその発ガン性が社会・環境問題になり，ようやく石綿の製造・使用が禁止されました．

横川の蛇石2景｜長野県上伊那郡辰野町を流れる横川川上流にあります．古生代の黒色粘板岩の地層面に沿って貫入した2本（長さ約87mと約17m）の閃緑岩（7000万〜8000万年前頃）岩脈〜岩床です．昭和15（1940）年，国の天然記念物に指定されました．[E] 🐾中央道伊北ICを出て，国道153号を北へ約9km進んだところにある「川島駅入口」の信号を横川峡に入り約10km．

　さて，本来の石の俗称である「蛇石」は，「じゃいし・じゃせき・へびいし」といろいろに発音され，各地にあります．最も有名なのは，長野県上伊那郡辰野町を流れる天竜川支流の横川川(よこかわがわ)上流にある「横川の蛇石」です．硯石としても使用されている周辺の古生層の黒色粘板岩の地層面に沿って大小2本（長さ約87mと約17m）の閃緑岩（7000万〜8000万年前頃）が岩脈〜岩床として貫入し，その割れ目に沿って幅7cm程度の白色石英脈が50〜60cm間隔で10

数本並走している様が蛇腹のように見え，しかも川中にあるため浸食によって全体がうねっているようにさえ見えることから命名されたものです．昭和15（1940）年に国の天然記念物に指定されました．昔，横川川の千淵に気の優しい大蛇の親子がいましたが，上流の大滝沢にいた竜の兄弟が時々暴れて洪水を起こし村人を苦しめたといいます．ある日，両者は獲物の奪い合いから大喧嘩となり，嵐が起きて木や岩が谷を埋めんばかりに流下してきました．決壊すれば洪水となるため大蛇の親子は血だらけになりながらもそれらを突き崩しましたが，嵐が静まる頃，力尽きて息が絶えたそうです．それを哀れんだ熊野権現が石に化したものといいます．なお，2匹の竜は二度と喧嘩ができないように，上流にある大滝に閉じ込められたといいます．

　同じく長野県の南佐久郡平賀村の蛇石神社にあった二間と九尺ほどの青色の石も，「蛇石」といわれいろいろな祈願に霊験があったといいます．

　同様に，島根県益田市西平原町北東端の海岸にある「蛇岩（じゃがん）」は，「唐音（からおと）の蛇岩」とも称されます．周囲は黄白色～黄褐色の流紋岩が分布しますが，その断層面に幅1mほどの黒褐色の安山岩岩脈が屈曲しながら300mほど貫入し，これが蛇がうねっているように見えることから命名されたもので，国の天然記念物に指定されています．

　岩手県北上市黒岩の北上川中にあり，船の往来の邪魔になっていたという石が「黒岩の蛇石」です．昔，稗貫郡石鳥谷町五大堂の光勝寺の池に住んでいた大蛇が，住職の知空法印の寵愛していた童子を食べてしまいました．これを悲しみかつ怒った法印が大蛇降伏の祈祷を7日間行ったところ，大蛇の化身である男が現れ，謝ったが許しませんでした．ある晩暴風雨が起こり，いたたまれなくなった雌雄の大蛇は池を破って北上川に逃げ，黒岩付近まで来ましたが，雌蛇の安否を気づかって振り返った雄蛇は法の呪縛を受けていたため石と化してしまったといいます．また，一説では黒岩の上流の宮野目東の袋（ひえぬき）の対岸にある「石あご」が蛇が石に化したところともいいます．さらに別の話では，岩手県和賀郡東和町の熊野神社裏にはかつて沼があって，大蛇が棲みつき毎年村娘を1人食べていたので村人は難儀していましたが，蝦夷征討時に通りかかった坂上田村麻呂将軍が

へび石｜群馬県みなかみ町にあり，蛙を追いかけてきた蛇がともどもに石化したという伝説があります．付近に分布する第四紀の安山岩の溶岩塊でしょう．[S] 🥾JR上越線「後閑」駅から車で7分．

矢を放ったところ，大蛇の頭に突き刺さりました．悲鳴を上げて逃げた大蛇は猿ヶ石川に出て北上川まで来ましたが，後ろを振り向いたまま化石となったといいます．

　群馬県利根郡みなかみ町の「へび石」には，次の伝説があります．昔，西国より大蛇に追われた蛙がこの地に来ましたが，とうとう疲れ果てて一歩も動けず，御仏に助けを乞い石と化したそうです．大蛇は呑むこともできず，とぐろを巻きそばを離れないので，御仏はこれを憐れみ大蛇をも石と化されたのです．後世の人が大蛇の執念を怖れ，近くに不動明王を祀り供養したといいます．上の写真では，付近に分布する第四紀の安山岩の溶岩塊のようです．なんとなく丸っこい石塊で，上部の三角形状の部分が目のくぼみやとがった顎をもった頭部を表し，その他が胴体のとぐろを表しているのでしょうか．

　「蛇石」をタブー視することも多いようです．長野県諏訪郡蘆田(あした)村の入口にあったという「蛇石」は，周囲九尺くらいでその真ん中に一寸ほどの白い筋が現

れていたといいます.たぶん石英か方解石の脈でしょうが,この石にふれると死ぬというのです.同じく長野県の諏訪郡三都和村の佐藤蓼山氏方の屋敷にある「蛇石」は,もと同家の土蔵中にあったのを移したといいます.当時は毎夜人のいびきのような音がしたので神主に占わせたところ,「俺は蛇だ.元鹽田に住んでいたが家が潰れたのでここへ移ってきた.蛇石として祀って供養してほしい」とのことだったので,祀ったところ静かになったといいます.東京都南多摩郡恩方村の東はずれの山裾の小さな淵にあったという長さ約一間,幅三〜四尺の「蛇石」は,その石の尾が一里半ほど離れた八王子城のあった城山中腹に露出するといいます.岩脈らしいのですが本当に連続するかどうかは不明です.「蛇石」のあった淵に小魚が群れているそうですが,それに手をつけると暴風雨が起こるといわれています.

　蛇にちなむ石としては,広島県大竹市栗谷町にやはり国指定の天然記念物である「蛇喰岩(磐)」があります.広島県と山口県の県境を流れる小瀬川(木野川)中流に山口県側から合流する玖島川の合流点付近に位置します.河床の花崗岩を浸食してできた大小のポットホール(甌穴)が節理に支配されて,長さ80m,幅30mほどの溝状に配列し,あたかも蛇の食い痕のように見える特異な景観をなしていることから命名されたものです.

　蛇にも骨はあります.長野県小県郡独鈷山の中新世富士山層のガラス質安山岩中の変質鉱物の1つであるソーダ沸石の針状結晶が,放射状に集まり,その表面がくっつきあってそろばん玉のように見えるので,蛇の背骨の関節に似ているとして「蛇骨石」と呼びます.白色で3〜4cm程度のものが多く,小県郡塩田町西塩田手塚産のものが有名です.この山にあった古寺の僧に思いを寄せた独鈷山の大蛇が,その悲恋の果てに人間の男児を産んで死んだそうです.そこで,その住処を流れる川に産川の名がつけられました.やがて洪水が起こって,大蛇の骨が流されて針状の結晶体を浮かべる「蛇骨石」となったといいます.白色繊維状の放射状結晶を火にかざすと容易に溶融することから,これを最初に学会に発表した保科五無斎が「光線状泡石」と命名しましたが,後に「曹達沸石」と改めました.さらにその後,この石は鉱物学的には「灰沸石」で,母岩も含かんら

蛇喰岩｜広島県大竹市栗谷町を流れる小瀬川と玖島川の合流点付近の河床の白亜紀花崗岩を浸食してできた大小のポットホール（甌穴）が節理に支配されて，長さ80m，幅30mほどの溝状に配列したものです．[E] 　広島県大竹市，または山口県岩国市美和町から国道186号線を西北にさかのぼり，弥栄ダムを過ぎてトンネルをいくつも抜けた平地がある川の合流地点．

蛇枕石｜福島県郡山市にある蛇骨地蔵堂裏手の新第三紀の安山岩質火砕岩塊と洞．[K] 　JR東北本線「日和田」駅から徒歩10分．

ん石紫蘇輝石普通輝石安山岩としたほうがよいことがわかりました．

　群馬県富岡市七日市の蛇宮神社所蔵の新生代第四紀（氷河期）の大角鹿の化石は，「蛇骨（じゃこつ）」と呼ばれ，「竜骨」とも俗称されます．古くは諏訪神社と称し，明応元（1495）年 鏑（かぶら）川に棲む雌雄の白蛇が慈眼上人の夢枕に立ち，「自分らを社に祀れば末永くこの地の人を守ろう」といったとされることから，社殿を建てて蛇宮明神として祀ったのが開基といわれます．このほか，神奈川県足柄下郡箱根町を流れる早川の支流は「蛇骨川」の名がありますが，これは，温泉に含有されている硅華（けいか）が沈殿して層状を呈しているさまが，「蛇骨」に似ていることに由来するそうで，近くに「蛇骨野」「蛇骨の滝」があります．

　福島県下JR東北本線日和田駅近傍に「蛇骨地蔵堂」があります．養老年間（717-724）の創建といわれています．明治9（1876）年に廃された東勝寺の祈願堂でした．平成12（2000）年に，郡山市重要有形文化財に指定されました．

その昔，日和田の城主安積(あさか)氏の娘を家来（といっても親戚関係でしょうが）の安積玄蕃時里という者が妻にしたいと願いましたが，あまりの乱暴者であったため断られてしまいます．時里は怒って姫を館から追い出し，他の者を皆殺しにしてしまいました．姫は「死に変わり生き変わって仇を討つ」といって館近くの安積沼に身を投げます．その後，姫は大蛇に変身しこの地方を荒らしまくります．困った近在の者たちは，毎年村娘を人身御供として差し出すことにしました．さて，33人目に当たった娘の親が長谷観音に祈願したところ，その法力によって蛇は骨を残して消え去ったそうです．その骨で地蔵尊を彫り祀ったのが「蛇骨地蔵堂」のいわれだそうで，堂の裏手には人身御供にされた女性になぞらえた33体の石製観音像が安置されています．「蛇枕石(じゃまくらいし)」の碑があります．石そのものは見当たりませんが，この地蔵堂敷地のJR線路寄りに写真の露岩があります．姫が変身した大蛇が，この石を抱いてよく寝ていたそうです．凹部に小さな地蔵が祀ってあります．地質学的には，新第三紀の安山岩質の火砕岩でどうということもありませんが．

　愛知県幡豆郡横須賀村，瀬戸の海神社の松の樹の下の池中にも「蛇枕石」と呼ばれる石があり，池の水が減ってこの石が現れかけると必ず雨が降ったといいます．ゆえに旱天の時はこの石に雨乞をしたそうです．明治41（1908）年の道路開削の時，この石を発掘して神社の社殿傍らに安置しました．同じく愛知県の額田(ぬかた)郡福岡町福岡字岩ケ崎にも「蛇枕石」があったそうです．この地は，昔，岬でしたが，ここの岩ケ崎彈正の妻が姿を寵愛する夫を恨み，館の北の水中に入り大蛇となったそうです．この後蓮如上人の法話を聞いて，蛇身を脱することを誓ったというのです．その翌朝，池中に現れた大蛇がこの巨岩を枕にすると同時に天女となって昇天したという話が伝わっています．

　長野県更級(さらしな)郡塩崎村猪(い)平(たいら)の池のほとりにあった「蛇枕石」は，稲荷山の前田屋という家の主人が自分の家の庭石に移してしまったところ，翌日から稲荷山と塩崎付近にだけ大雨が降り続いたといいます．長谷の寺に相談すると，その石は池の主である大蛇が天気のよい日に昼寝をする岩であったといい，その石がなくなって昼寝ができないので稲荷山と塩崎に18日間雨を降らせるのだというの

です．そこで，その石を池の辺に戻すか極楽寺にもっていけば雨は止むといわれたので，極楽寺にもっていったといいます．

　腔腸動物門床板サンゴ類の一種，ミケリニアの化石を含む石を「蛇体石（じゃたいせき）」と称します．たとえば，宮城県気仙沼市（けせんぬま）北西部の上八瀬細尾沢には，蛇のウロコ状を呈する二畳紀坂本沢層起源の石灰岩転石があり，こう呼ばれることがあります．

　「蛇穴」も各地にあります．多くは鍾乳洞の俗称です．たとえば愛知県豊橋市嵩山町（すせ）に分布する厚さ50mの古生代二畳紀の石灰岩に開いている穴は「嵩山の蛇穴（じゃあな）」として有名です．他に「新穴」「水穴」があります．南北性の割れ目に沿ってできた横穴で，奥行きは約118mで，縄文人が住みついていたらしく，縄文土器や鏃，動物の骨などが出土しています．蛇との関わりもまたさまざまです．

第7章
海陸の王である巨獣

象岩｜岡山県倉敷市六口島西岸にあり，白亜紀後期の高さ約 7.5 m の中粒黒雲母花崗岩塊です．昭和 7 (1932) 年に国の天然記念物に指定されています．[E] 🥾JR 本四備讃線（瀬戸大橋線）「児島」駅から船で 20 分．

人類もその一員である哺乳類は最も高等な脊椎動物で，温血胎生で肺呼吸をし，母乳で子供を育てます．現在地球上で最も繁栄しているので，多種多様な哺乳動物がいます．本章以降では，学問的な分類ではなく人との関わりを中心に石と哺乳動物の世界を眺めてみましょう．まず，巨大な哺乳動物とそれらにちなんだ石や岩を取り上げましょう．ここでは巨獣の代表として，陸の象や駱駝と海の鯨を中心に紹介しましょう．

象や駱駝にちなむ石

　いうまでもなく陸上に棲息する最大の哺乳動物は，長鼻目に属する象です．その進化における主傾向は体重の増加です．最も古い祖先型とされる新生代第三紀始新世のメリテリウム属の体重は約 200 kg なのに対して，新生代第四紀更新世の最大の象の体重は約 8 t に達し，現在のアフリカ象でも約 6.5 t あります．わずか 5000 万年のうちに体重が約 33〜40 倍にもなったわけです．まさに巨獣化したのです．

　さて，象は約 2500 万年前頃までアフリカで栄えていましたが，その後ヨーロッパとアジアに広がり，さらにアメリカ大陸へと進出し，更新世には地理的に隔絶していたオーストラリア以外の地域に分布するようになりました．日本列島では象の最下位化石産出層準（つまり最も古い）に属するシンシュウゾウは鮮新世のかなり早い時期（約 500 万年前）に出現していたようです．こうした長鼻類は，日本の脊椎動物化石の中でも最も多く産出しており，いわば日本の代表的古生物であるともいえます．

　象は，その体躯の大きさと形状から，昔より背中に何らかの物を置いて支えるのにふさわしいと考えられていました．インド神話では亀とともに宇宙を支えるとされ，また王や神の乗り物としてその役目を果たしてきました．また，ヒン

ドゥー教の神で学問や文芸の保護者で幸運をもたらしてくれるとして信仰の篤いガネシャは，象頭をしています．

　それでは，本論に入って石の世界の象について渉猟してみましょう．まず本章扉写真にあるそのものずばりの「象岩」です．わが国で最も有名な「象岩」で，岡山県倉敷市下津井港の南西約4kmに位置する六口島西岸にあり，昭和7（1932）年に国の天然記念物に指定されました．この地を支配した池田家の宝永元（1704）年の文書にも「六口島象岩」の記載があり，古くから知られていたようです．高さ約7.5mの中粒黒雲母花崗岩塊が，風化と波浪の浸食によって象が水を飲もうとする姿勢を思わせることから命名されました．象の鼻に相当する部分にうまく筋が走っているように見えるのは節理です．花崗岩には暗緑色の斑点が見られますが，これは閃緑岩質の包有物です．こうした瀬戸内海沿岸に分布する深成岩は広島型花崗岩類に属し，約8000万～9500万年前頃の中生代白亜紀後期に形成されたものです．

　さて，当時の人はどうやって有史以来日本に棲息していなかった象にちなんで「象岩」と名づけたのでしょうか．実は江戸時代には計3回，象が海外から運ばれてきています．最初は，亨保13（1728）年に八代将軍吉宗の命によりベトナムから雌雄のインド象を積んだ中国船が長崎に入港しました．メスはすぐに病死してしまいましたが，オスは翌年4月に京の御所で中御門天皇に上覧され，「従四位広南白象」という高い位を与えられました．その後江戸に到着し，5月に江戸城で将軍にお目見えしました．その後，浜御殿（今の東京都中央区にある浜離宮庭園）で飼われていましたが，翌年民間に下げ渡され，その後寛保2（1742）年に21歳で病死しました．江戸の山王祭に象をかたどった作り物が出るなど大評判となりました．江戸時代二度目に渡来したのは，文化10（1813）年にオランダ船によってやはり長崎にもたらされたインド象です．しかし，これは江戸にはやって来ず長崎に止まっただけで終わりました．三度目は，メスのインド象で文久2（1862）年，アメリカ商船によってマレー半島南西のマラッカから直接横浜に上陸され，江戸・上方をはじめ各地で見世物興行され浮世絵や錦絵に描かれたり，歌舞伎に出たりして大人気を博しました．しかし，上述の池田家文書は

これらより前のことなので，近世以前にも象の舶来があった可能性もありますが，外国の絵や彫刻（仏教では象に乗った普賢菩薩は有名なモチーフ）などで象の存在を知っていたものが名づけたのかもしれません．

このほかにもいくつか象にちなんだ岩が各地にあります．長野県上松町(あげまつまち)の「寝覚の床」は，大正 12（1923）年に当時の内務省によって史跡名勝天然記念物に指定された奇勝で「木曽八景」の 1 つです．竜宮城から帰った浦島太郎が故郷が失われていたため旅に出て，ここの風景が気に入り住みついたとの伝説があります．玉手箱もここで開けて 300 歳の老人に変じたといわれます．かの俳人でかつ歌人であった正岡子規（1867-1902）は，「誠やここは天然の庭園にて…仙人の住処とも覚えて尊し」と感じ入ったそうです．上松(あげまつ)花崗岩の岩盤を木曽川が浸食してできた地形で，花崗岩の方状節理と甌穴（ポットホール）によって奇岩が連続し，それらの形状になぞらえたいろいろな命名がなされており，「象岩」もその 1 つです．上松花崗岩（苗木・上松花崗岩）は，中生代白亜紀末期の中〜細粒の黒雲母花崗岩を主とし，斑状花崗岩・花崗斑岩・粗粒花崗岩・アプライト質花崗岩などの多様な岩相を呈します．石英が自形（マグマが冷却固結する際，早期に晶出して自由に成長したときの結晶形）で，黒色を呈するのが特徴です．

滋賀県甲賀郡甲南町の南西端で三重県阿山町との境に位置する岩尾山およびその周辺には，白亜紀後期の中〜粗粒黒雲母花崗岩が分布しています．岩尾山は，平安時代初期の延暦年間にわが国の天台宗の開祖である最澄（767-822）が開山したといい，修験道の霊山として栄えました．山頂部の伊勢神宮を正面にする位置には巨大な「お馬山」があり，またの名を「象岩」といい，寺と神社の配置は神仏習合時代を忍ばせるものです．江戸時代の元禄年間（17 世紀）ここを訪れた芭蕉の句「行く春を　淡海の人と　惜しみける」の碑があります．ついでにいうと中腹の息障寺(そくしょうじ)の付近には，「マンダラ岩」「金縛り岩」「金かけ岩」「屏風岩」など多くの奇岩があります．

山形県米沢市峠の姥湯(うばゆ)温泉は，薬師森山（1538 m）南東麓，前川の峡谷にあり，天文 2（1533）年の開湯だそうです．この湯は，含硫化水素酸性緑ばん泉で，木片や木の葉を浸しておくと温泉沈殿物が付着して半年で化石のような状態

寝覚の床｜長野県上松町の景勝地で，木曽川が浸食した白亜紀末期の上松花崗岩に属する中〜細粒の黒雲母花崗岩からなっています．［N］　JR中央本線「上松」駅から南へ2km．

になるといいます．この付近に「白象岩」がありますが，このほか「獅子岩」「姥岩」「虎岩」「観音岩」「蜂巣岩」などもあります．これらは新第三紀中新世後期の姥湯溶結凝灰岩というやや酸性の（珪酸分の多い）流紋岩〜デイサイト（石英安山岩）質の溶結凝灰岩からなっています．熱水変質を受けて白色していることが多く，そこから名づけられたものでしょう．

　今度は，もう少し内陸に入ってみましょう．福島県下の西若松〜会津高原間57.4kmをつなぐローカル線会津鉄道の「塔のへつり」駅で下車して，会津郡下郷町白岩付近の大川沿いの渓谷に歩いていくと，駅名どおりの「塔のへつり」という奇妙な名前の名勝地があります．「へつり」とは，「険しい山道」の意味だそうです．江戸時代に編纂された『新編会津風土記』にも記述があります．周囲の地質は，陥没カルデラを充填した各種凝灰岩類や凝灰質堆積岩（礫・砂・シルトなど）などの後カルデラ期湖成堆積物が，浸食の程度の差から塔状をなして林

塔のへつり遠景｜第四紀前期更新世の後カルデラ期湖成堆積物に属する凝灰岩類や凝灰質堆積岩からなっています．[K] 会津鉄道「塔のへつり」駅下車すぐ．

象塔岩｜「塔のへつり」に分布する第四紀前期更新世の凝灰岩〜凝灰角礫岩とその浸食地形です．[K]

立しています．最近の研究によれば，第四紀前期更新世とみなされるようになりました．ここの数多くの岩塊や浸食地形にさまざまな俗称が付されています．

「象塔岩」は，写真にあるように正面から象の頭部を見たように象の鼻が特徴的に見えることから名づけられました．このように象の最大の特徴といえば，なんといってもその長い鼻です．象牙を支える頭部の重量が 500 kg に及び，長く太い脚をもつ以上，長い器用な鼻がなければ水を飲んだり，草を食べるのも不自由で生きのびられなかったことでしょう．そもそも長鼻目という分類項目もここに由来するのですから．石の世界でも当然この特徴に目をつけて「象の鼻」と称する岩があります．いくつか紹介しましょう．

山梨県大月市を貫流する桂川にかかる高月橋付近の河原に，新第三紀の緑色酸性凝灰岩に猿橋溶岩流が重なった岩塊が露出します．これらが浸食を受けたものを見立てて「象の鼻」と称しています．猿橋溶岩流は，狭義の富士火山を構成する新富士火山噴出物の中で最も古い旧期溶岩類の 1 つで，とくに遠方まで流下しているものです．おもに 5〜10 mm 大の斜長石の巨晶を含むかんらん石玄武

象の鼻｜沖縄県沖縄本島のほぼ中央西岸の国頭郡恩納村に位置する「万座毛」にあり、第四紀更新世の琉球層群に属する石灰岩が海食されてできたものです．
[K] 🚗那覇から沖縄自動車道で約1時間．

岩からなっています．また，石川県輪島市輪島崎町の鴨ケ浦海岸は，JR七尾線輪島駅の北方約 2.5 km の輪島崎突端に位置する東西約 400 m，南北約 150 m にわたる海岸です．鴨ケ浦の湾入部分は，新第三紀前期中新世の柳田累層の砂岩泥岩互層が分布し，比較的なだらかな海岸線を描きますが，東側の岬部分は断層関係で後期中新世の石灰質砂岩が分布し，さらに西側の岩石海岸には，中期中新世の道下礫岩層が分布しています．いずれも海食による差別浸食を受けてできたさまざまな奇岩があり，その1つが「象の鼻」と呼ばれています．

さて，特徴的な巨大な「象の鼻」を次に紹介しましょう．沖縄県沖縄本島のほぼ中央西岸の国頭郡恩納村字恩納に県指定の天然記念物である「万座毛」が位置します．「毛」は野原のことで，「万座毛」は「万人も座する草原」という意味です．隆起台地の上には，天然の芝が広がっています．これは第四紀更新世の琉球層群に属し，有孔虫や珊瑚などからなる石灰岩を主とし，礫，粘土や亜炭を伴うものです．写真に見られるように海食によって大地の一部が取り残され，海側の部分がまさに「象の鼻」状を呈しているものです．

次は，やはり大きな動物の代表であるラクダと石の話に移りましょう．

洋の東西を問わずラクダは大きなものの比喩として使われます．有名な古典落語の1つである「ラクダ」というのは，乱暴で図体が大きいので長屋の嫌われ者である主人公のあだ名です．また，聖書には「金持ちが神の国に入るよりもラクダが針の穴を通る方がまだ易しい」と記述されています．これもラクダが大きいものの喩えからきていて，その困難さが強調された表現なのでしょう．モンゴルには「針ほどの穴からラクダほどの風」（「小さなミスが大事を招く」意）という，やはりラクダの図体の大きさを意味する表現があります．歴史時代からとくに大陸地域では人類と馴染みが深く，さまざまな造形のモチーフとして使われています．ラクダの家畜化は紀元前4000〜1300年頃，中央・南アラビアで行われ，その後はるばるとアフリカやインドに広がっていきました．

　ラクダは偶蹄目の核脚（ラクダ）亜目ラクダ科ラクダ属に属し，中指と薬指に相当した2指が機能していますが，進化（退化）の過程で側指は失われています．有名な背中のコブは脂肪の貯蔵組織で，砂漠や乾燥した草原での生活に適応して特殊化したものです．ご存知のように短毛の「ヒトコブラクダ」と長毛の「フタコブラクダ」がいますが，生物学的には別種ではなく，ともにラクダ属です．ヒトコブラクダも実は皮膚の下にもう1つのコブが伏在しており，両者間の雑種交配も可能なのです．

　日本語のラクダは，中国名の駱駝に由来し，正しい名は「たく駝」でした．たく（袋）を背負う獣という意味で，その音が転化したといわれています．ヒトコブラクダは，主に北アフリカから西アジア地方に生息し，現生のラクダ属の93%を占めていますが，すべて家畜種で野生種は絶滅しています．一方，フタコブラクダは主に中央アジアに生息しており，家畜種と野生種がいます．

　さて，現生ではラクダの属する偶蹄目は，走ることに適した植物食の有蹄類で，とくに新第三紀中新世（2千数百万年前〜）以降著しく分化発展してきました．この中でラクダはさらに核脚亜目に細分され，脂肪貯蔵のための瘤をもつように特殊化して砂漠や乾燥した草原での生活に適応してきたのです．その先祖は，約4000万年前の新生代古第三紀の後期始新世にさかのぼります．古第三紀中期漸新世にはすでにラクダ体型となっており，大きさも80〜90cmほどにな

りましたが，すでに側指は失われています．これからさまざまなラクダ科が放散進化していったようです．約1000万年前の中新世の後期には最盛期を迎えました．約500万年前の鮮新世以降には大型のラクダが多く出現し，陸橋を経由して旧大陸と南アメリカに放散移住していきます．この時期は，北米大陸は比較的安定した環境下にあり，コブに脂肪を貯蔵する必然性もなかったためかコブはありませんでした．いわゆるキャメルは，第四紀更新世（約180万～約1万年前）には北米，アジア，北アフリカ，ヨーロッパと広く分布するようになりました．しかし，更新世の最末期の約12000年前頃には，本家本元の北アメリカでは絶滅してしまいます．この頃人類が北米に移住したことは暗示的です．現在では，アジア大陸の一部～中近東～北アフリカに棲息しています．オーストラリアにはもともとラクダはいなかったので，今見られるラクダはアラビアから人間が持ち込んだものです．

　日本に初めてラクダが渡来した記録は，日本書紀にあるように推古7（599）年のことで，韓半島の百済からでした．その後も推古26（618）年に高麗から，斎明3（657）年に百済から，天武8（679）年に新羅からと続きました．いずれも原産地は西アジアで，当然フタコブラクダでした．その後は1000年以上も記録にないだけなのか，実際に渡来しなかったのか定かではありませんが，江戸時代以降には再び記録されています．享和3（1803）年に長崎に入港したオランダ船がフタコブラクダ一頭の献上を願い出て京大坂・江戸でうわさになりましたが，実はアメリカ船だとわかり，幕府は受け取りを拒否したため日本人の目にはふれませんでした．文政4（1821）年に，オランダ船がサウジアラビア産の雌雄2頭のヒトコブラクダを舶載してきました．時の長崎奉行間宮筑前守が見物し，長崎出島のオランダ商館長ブロムホフが将軍家斉に献上しようとしましたが「御用無し」と返答されました．そこで，ブロムホフは寵愛していた遊女の糸萩にあたえました．文政6（1823）年，ブロムホフ帰国後に糸萩はつきあっていた男に請われラクダを手放しました．その後，ラクダは各地で見世物となりましたが，最後に北国巡回中に死んだそうです．当時は，今でいえばラクダ・グッズともいうべき多くのラクダを表した版画，引き札，玩具，凧，雛人形，双

ラクダ岩（左・上）｜トルコのカッパドキア地方のデウレントの谷にあり，新第三紀中新世後期以降の凝灰角礫岩からなっています．[K]

六，水入れなどが便乗して売り出されました．既述した象の場合と同様です．文久3(1863)年にはフタコブラクダが横浜に渡来し，江戸両国で見世物になりました．さらに，慶応3(1867)年にも大阪でフタコブラクダの見世物が出ました．

　ラクダの形状にちなんで「ラクダ石・岩」や「ラクダ山・島」などの地形が世界各地にありますが，なんといってもラクダの形の特徴である背中のコブに似た形に由来します．本書は原則として日本の石を紹介するものですが，トルコの「ラクダ岩」はあまりにも秀逸なので，あえて例外的に紹介しましょう．トルコの中部アナトリア地方に，最高かつ最大の複合火山であるエルジィエス山（3916m）がそびえています．主に安山岩溶岩や火砕物および少量の玄武岩からなっています．これらの噴火時期はあまりくわしくわかっていませんが，新生代新第三紀中新世後期以降です．大部分，凝灰角礫岩からなっています．

　日本の例を北からいくつか紹介しましょう．5万分の1地形図「上川」図幅内に位置する北海道上川支庁上川郡朝日町と網走支庁紋別郡滝上町境界付近に「ラクダ岩」があり，地図に名前が出ています．天塩川上流の手塩岳（1557.6m）北方約1kmの前手塩岳（1540m）との間に位置します．岩内川から手塩岳にかけて広く分布して，山体部を構成する新第三紀中新世のデイサイト質プロピラ

イト（変朽安山岩）からなっています．これは，一般に灰色から緑灰色でときに暗灰色を呈する堅硬な岩質ですが，一部角礫質で板状節理が発達する部分もあります．これも一種の浸食地形です．首と背中の境目に亀裂が入っており，なんとなくヒトコブラクダ状を呈しています．

　愛知県の浜名湖西方に位置し，静岡県との県境を南北に走る湖西連峰の神石山自然歩道の途中に「らくだ岩」があります．なんとなく似ているという感じです．付近はいわゆる秩父系の古生代二畳紀（～一部石炭紀）の砂岩・泥岩・チャートなどの堆積岩を主としますが，詳細な時代については再考が必要です．また，日本三大急流の1つで，かつ木曽三川の1つでもある木曽川の下流部は，地理学の祖といわれた志賀重昂によって「日本のライン川」と称された景勝地です．この流域に分布するのは中生代初期のチャートで，約2億2000万～1億9000万年前くらいに現在の太平洋に相当する深海底に堆積したものです．これが浸食されて「亀岩」「ライオン岩」「メガネ岩」「夫婦岩」などのさまざまな奇岩があちこちに見られ，その1つに「らくだ岩」があります．

　紀伊半島の西岸，JR紀勢本線南部(みなべ)駅と岩代(いわしろ)駅の間の日高郡南部町山内大目津付近の海岸は，浸食で入り組んだ海岸線を呈していますが，地質学的には北縁を御坊－萩構造線，南縁を本宮断層に画された音無川帯という東西性の帯状地質区の西端に位置します．これを構成する音無川層群は，泥岩・砂岩やそれらの互層などの砕屑岩からなり，全層厚は，1800m以上あります．時代は，古第三紀前期始新世の可能性が示唆されています．ざっと5000万年ぐらい前というところでしょうか．ここに「ラクダ岩」があります．基部は海面下に没して島状を呈します．首から頭部にあたる部分は砂岩中の泥岩塊が浸食されてへっこんでいますが，背中のこぶはあまり明瞭ではありません．

　次は四国に行きましょう．四国八十八ヶ所の霊場のうち第32番が高知県南国市にある八葉山求聞持禅師峰寺(ぐもんじぜんじぶじ)です．峰山の上にあるので峰寺(みねんじ)として地元で親しまれています．奈良時代の名僧行基が海上安全を祈念して小堂を建てたことに始まり，その後弘法大師が大同2（807）年に訪れ，修行したところでもあります．山門から本道へと向かう参道両側にはさまざまな奇岩があり，その1つが

151

「らくだ岩」です．他にもくぼみにたまった水が潮の干満に呼応して増減するという「汐ノ干満岩」，さらに「めがね岩」「ゴジラ岩」「屏風岩」などもあります．周辺は，四万十帯に属する砂岩泥岩とその互層を中心とする白亜紀の地層と考えられるようになっています．

次は九州です．大分県大野郡緒方町と宮崎県西臼杵郡高千穂町の境界をなす稜線上に位置する祖母山（1756 m）の南に位置する障子岳との間に「天狗岩」や「烏帽子岩」があり，2万5千分の1地形図「祖母山」にも載っています．さて，地図には載っていませんが，「烏帽子岩」と障子岳の間の東に張り出す支尾根に「ラクダ岩」があります．祖母山付近に分布する祖母山火山岩類は，新第三紀中新世に大量の火砕物を噴出後，その中央部が円状に陥没しさらに火山岩類に埋積されたもので，祖母山コールドロンとも呼ばれます．4回の火山活動が識別されており，流紋岩・デイサイト・安山岩質の火砕岩類からなっています．これらが浸食されてヒトコブラクダ状の岩峰をなしているのです．東方には，「ラクダのテールリッジ」と呼ばれる尾根が張り出しています．

もう少し小さいのは「ラクダ石」と称されます．たとえば，山梨県甲府市内を貫流する笛吹川の支流荒川上流部の渓谷である御岳昇仙峡には，さまざまな名称を付された岩塊があります．その1つに「ラクダ石」があります．御岳昇仙峡は，南北4〜5 km，東西3〜4 kmのほぼ楕円体状をなす新第三紀中新世の黒雲母花崗岩からなり，その節理を利用した浸食風化によって形成されたものです．また，静岡県志太郡岡部町の笹川八十八石ハイキングコースを笹川沿いに登っていくと，さまざまな名称の岩塊がありますが，その1つに「ラクダ石」というのがあるそうです．この付近は新生代古第三紀の瀬戸川層群の堆積岩類が分布しています．このように「ラクダ岩」「ラクダ石」も岩質はさまざまです．

もっと大規模には地形に現れてきます．コブ状の峰をもち，ラクダのような山形といわれる山もあちこちにあります．たとえば，北海道樺戸郡新十津川町と石狩郡当別町の境界をなす稜線上にあるピンネシリ（1100 m）とマチネシリ（1002 m）も，地元ではフタコブラクダのような山と呼ばれています．アイヌ語では，前者は男山，後者は女山という意味だそうです．ここの基盤は中生代白

らくだ島 | 和歌山県東牟婁郡那智勝浦町の海岸にあり，中新世中期の熊野酸性火成岩類の岩脈の浸食地形です．[K]　🚃 JR紀勢本線「紀伊勝浦」駅から徒歩30分．

亜紀前期ないしそれ以前の隈根尻層群（くまねしり）の粘板岩で，それを貫く火成岩岩脈（岩質は，はんれい岩・輝緑岩・ひん岩）が浸食されて残ったものなのです．

このほか，地図には記されていませんが，群馬県利根郡月夜野町（つきよのまち）（現みなかみ町）南部の利根川西岸に位置する山は，その形から地元で「ひょうたん山」または「ラクダ山」と呼ばれています．第四紀の輝石安山岩の溶岩や火砕岩からなる浸食地形です．しかし，地形図上で「らくだ山」と明記されている山は，熊本県阿蘇郡高森町の「らくだ山」ぐらいでしょう（2万5千分の1「高森」）．この山が位置する九州の阿蘇火山は，日本最大のカルデラで有名です．東西約18 km，南北約25 kmで面積は380 km^{2}に達します．新第三紀末から第四紀前半（ここでは220万～40万年前くらい）の先阿蘇火山岩類の噴出を主とする火山活動によって山体が形成されました．いわゆる阿蘇火山自体は約30万年前から始まった火山活動によってカルデラが形成され，今も中央火口丘で活動が続いています．現在では，先阿蘇火山岩類は，カルデラ壁や周辺地域に一部分布しているだけです．これらが分布するカルデラ壁東南縁に「らくだ山」（駱駝山公園）という地名があります．やや低い頭部に相当する山峰部と，その後ろのやや

高いひとこぶ状の山塊をラクダに見立てた浸食地形です．岩質は玄武岩火砕岩で，火山角礫岩や凝灰集塊岩からなり溶岩流を伴います．

　海にもラクダ地形があります．紀伊半島南端に近い東岸部の和歌山県東牟婁郡(むろ)那智勝浦町の海岸付近は，「紀の松島」といわれる景勝地です．周囲17kmの海域に大小の島々が分布しています．新第三紀中期中新世初頭の熊野層群下里累層の砂岩泥岩互層が分布し，中新世中期の熊野酸性火成岩類の貫入を受けています．千畳敷を構成する熊野層群敷屋累層がこれを整合に覆います．前頁写真の「らくだ島」(「ラクダ岩」とも呼ばれます)は熊野酸性火成岩類の岩脈です．海面上の岩塊は，まさにヒトコブラクダ状で，とくに首〜頭部はよく似ています．

鯨にちなむ石

　さてさて，海陸を通して最大の現生生物は鯨です．この鯨と人間との関わりもまた古いものがあります．長崎県壱岐島の鯨伏村(いさふしそん)(現芦辺町)の「鬼の岩屋」と称される横穴式古墳の壁画に親子鯨をモリで捕獲している場面が描かれていて，日本で描かれた最古の捕鯨の様子の1つと考えられています．

　有史時代の古人，たとえば古代中国では鯨を巨大な魚と考えたので魚偏(へん)をつけたのでしょう．中国語の鯨という漢字の旁(つくり)の「京」は「大」の意味です．また，中国で鯨鯢(げいげい)という場合の鯨は雄鯨，鯢は雌鯨の意味です．それでは和名のクジラの語源はどうなのでしょうか．次にいくつか説を紹介しましょう．

　①黒白の略語で鯨の体色から名づけられた，②鯨は口が大きく口広が縮まってクチロツクチロが転じてクジラになったので本来はクヂラと書くべきである，③クは大の義，シシは獣の義，それに接尾語のラをつけたクシシラの略語，④奇しきものとしてもともとクシと読んだが頭髪のクシなどと区別するため接尾語のラをつけたもの，といろいろで，また，鯨を古語でイサナともいいます．勇ましき魚の意味で誉め言葉というのが通説ですが，江戸時代の有名な儒学者・博物学者であった貝原益軒(1630-1714)は，鯨は昔は弓で射たので射漁(イスナドリ)，それが転じてイサナトリとなったという異説を唱えています．いずれも客

雪鯨橋｜大阪府大阪市東淀川区の瑞光寺の境内庭園の弘済池に架かっている鯨の骨で作られた橋です．[K]　阪急京都本線「上新庄」駅から東へ400 m．

観的な根拠に乏しい感がします．

　鯨を対象とする生物学を，鯨の分類学上の名称セタシア（Cetacea）にちなんでセトロジー（cetology）といいます．もう少し科学的な見地から鯨を概観しましょう．鯨類は，今まで地球上に生存した最大の生物であるシロナガスクジラ（体長30 m以上，体重100 t以上のものがある）が属しているクジラ目の哺乳類です．現存する鯨類は約80種といわれています．国際捕鯨委員会（IWC）によって1987年以降，商業捕鯨は禁止されていますが，鯨の食肉や捕鯨はわが国では古来より行われ，鯨に対する日本人の関心もまた深いものがあります．

　たとえば，鯨の骨（現生）で作られた橋があるほどなのです．大阪府大阪市東淀川区にある臨済宗の瑞光寺の境内庭園の弘済池に架かっている「雪鯨橋」です．最初は欄干や橋板などは鯨の肋骨，支柱は顎骨などすべて鯨の骨で作られていたそうですが，江戸時代中期の天明（1781-1788）年間頃から橋板は板石に替えられたといいます．この橋の由来は次のようです．この寺の第四世潭住禅師が宝暦6（1756）年に捕鯨で有名な和歌山県の太地浦を訪れた際，数年にわたる鯨の不漁に泣く村人に懇願され鯨が獲れる祈願の修法を行ったところ，鯨の大群が現れ豊漁となったそうです．村人は，御礼に金と鯨骨18本を寄贈したの

155

鯨にちなむ石

で，鯨の冥福を祈るためにこの橋を架けたそうなのです．

　化石骨の研究から鯨類は，陸上に生息していた四つ足の肉食哺乳類である新生代古第三紀暁新世（約 6500 万～ 5500 万年前）のメソニクス類を祖先とすると考えられていますが，その起源は明らかではありません．最古のクジラ化石は，古第三紀の始新世（ここでは約 5500 万～ 3500 万年前）のもので，すでに完全に水生で現生のクジラ類と同様な特殊な性質（たとえば，前肢が水かきに変形し後肢は消失）をもっていました．これら新生代初期の原鯨類は今は絶滅した古鯨類で，次の漸新世（～約 2500 万年前）になると，これから 2 つの系統が分化してきます．1 つは歯鯨類で，肉食性で一部は淡水にも棲息していました．他の 1 つは髭鯨類で，普通の歯は消失してキチン質の髭状の板に置き換わっています．現生のシロナガスクジラはこれに属し，オキアミなどのプランクトンを捕食しています．

　このように古来より関心の深かった鯨なので，当然石の世界にも出てきます．たとえば，長野県小県郡東部町の海野宿は重要伝統的建造物群保存地区に指定されており，寛政 2（1625）年に五街道の 1 つである中山道と北陸街道を結ぶ北国街道の宿駅として開設された交通の要所でした．海野自体の歴史は古く天平時代（740 年頃）にさかのぼるともいわれます．その東端に位置する白鳥神社は，日本武尊がこの地に滞在したことにより命名されたそうです．平安～鎌倉時代の豪族であった海野氏の祖先といわれる貞元親王・善淵王・海野広道公を祭神とし，往古より本海野地区および近郷在住の住民に産土神として敬われてきました．本殿は寛政 3（1791）年建立され，境内の一隅にある池の中に瓢箪島状の石があり，これを鯨に見立てて「鯨石の噴水」という看板があります．実際に噴水が出ており（もちろん人工的です），クジラの潮吹きを表しています．この石自体は，付近に分布する烏帽子火山群という上田市と浅間山のほぼ中間に位置するカルデラをもつ第四紀の成層火山を構成する岩石です．輝石安山岩とデイサイト（石英安山岩）が交互に噴出して形成されたもので，この石も同質の紫蘇輝石普通輝石安山岩なので，付近の岩塊を利用して手を入れたものでしょう．

　徳島県海部郡海陽町の国民宿舎から遊歩道を少し上った山林中に高さ約 1 m，

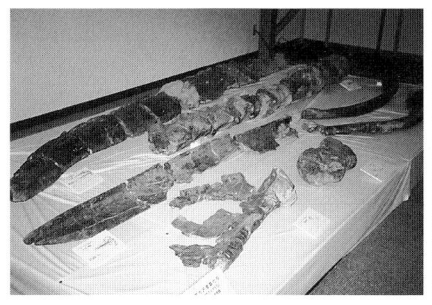

鯨化石｜山形県立博物館所蔵の真室川町大沢産の新第三紀鮮新世の鯨です．[K] 🥾 JR 奥羽本線（山形新幹線）「山形」駅から徒歩 15 分．

鯨石の噴水｜長野県小県郡東部町の海野宿東端に位置する白鳥神社境内にある新生代第四紀の紫蘇輝石普通輝石安山岩からなっています．[K] 🥾 JR 長野新幹線「上田」駅よりしなの鉄道に乗り換え「田中」駅下車徒歩 10 分．

幅約 3 m の「くじら石」があります．目を表すくぼみ状の穴が岩全体を鯨に見立てています．岩質は不明ですが，周辺は主に中生代後期の堆積岩が分布しています．

　宮城県といえば，日本三景の 1 つである「松島」が全国ブランドの有名な景勝地であることは論をまたないでしょう．古来，塩釜湾の一部とされてきましたが，奥羽第一の歌枕でもあります．江戸時代初期の儒者で官学としての朱子学を確立した林羅山（1583-1657）が，「天橋立」「安芸の宮島」とともに日本三景（日本三処の奇観）と讃えたことに由来するものです．江戸前期の俳人，松尾芭蕉（1644-1694）も元禄 2（1689）年に「奥の細道」の途次立ち寄り「扶桑第一の好風」と感嘆した名所です（古代中国では日本のことを「扶桑」と呼ぶことがありました）．このあたりは，新第三紀前期中新世の松島湾層群が分布しています．本層群は，5 層に細分され，下位の塩竈層・佐浦町層は，火山岩・火砕岩からなる陸成層ですが，上位の網尻層・松島層・大塚層は砕屑岩を主とし酸性凝灰岩を挟む海成層となっています．これらは整合関係にあり，松島地域が陸地から海域に変化（沈降）していったことがわかります．松島湾層群から産する軽石質凝灰岩 - 凝灰角礫岩は，付近の地名を取って「松島石」「野蒜石」と称される石材で，有名な栃木県産の「大谷石」と同類です．前述した（p.89）「秋保石」もやや時代が新しいのですが（後期中新世），同様な石材です．

鯨にちなむ石

くじら石｜徳島県海部郡海陽町の山林中にある高さ約1m，幅約3mの岩塊です．[S] 🥾阿佐海岸鉄道「宍喰」駅から車で約10分．

松島（左が鯨島，右が亀島）｜宮城県の松島湾で，新第三紀前期中新世の松島湾層群に属する凝灰質岩が分布しています．[K] 🥾JR仙石線「松島海岸」駅から徒歩5分で遠望できる．

　さて，松島湾に散在する大小の島々は主に前述の松島層の軽石凝灰岩からなっています．河川による浸食地形が沈降してできたものです．その数は俗に808といいますが，実際には260あまりだそうです．と，書くとまことに味気ありません．芭蕉に書かせると「島々の数を尽くして，そばだつものは天を指さし，ふすものは波に匍匐ふ．あるは二重に重なり三重に畳みて，左にわかれ右につらなる．負へるあり抱けるあり，児孫愛すがごとし」（奥の細道）となります．この中で別名「双子島」といわれる岩塊（島）がありますが，左側の平べったいのが別名「鯨島」，右側が「亀島」とも呼ばれているそうです．島を名乗るだけあって，まさに大きい「鯨岩」です．

第8章
弱肉強食の猛獣の世界

親子熊岩｜北海道久遠郡せたな町の海岸にあり，言い伝えでは大昔，大嵐のため一帯が飢餓状態に陥ったそうです．山奥に棲んでいた親子の熊は飢えをしのぐため，海岸に出て群れる子蟹を見つけ食べていました．その時誤って海中へ落下した子熊を助けようとした親熊も落ちてしまったのです．それを見ていた海の神様が哀れんで，溺れる親子熊を救い上げて愛の姿をそのまま岩に変身させたのだそうです．付近には，新第三紀中新世中～後期の火砕岩・凝灰岩・砂岩・泥岩が分布します．[S] せたな町役場より車で約20分．

人と動物との緊張的な関係は，やはり猛獣との関わりの場合でしょう．野生の猛獣と遭遇する際は，人間にとってまさに食うか食われるかの関係です．扉写真の親子熊岩のように熊どうしの情愛はありえますが，人が親子連れの熊と出会うことはきわめて危険な状況です．さて，動物園で人気の高い猛獣といえばライオン（獅子）とトラ（虎）でしょう．そこで，本章では，哺乳類食肉目ネコ科の代表として虎やライオンとそれらにちなむ石の世界を探訪しましょう．虎もライオンもヒョウの祖先型動物から分岐してきたようで，ライオンのほうがより進化の度合いが進んでいるとみなされています．いずれも共通の祖先だと思われる大型の猫の化石が第四紀更新世の初期に出現しました．

虎にちなむ石

　野生の虎は，現在日本には生息していませんし，縄文・弥生時代の遺跡からも出土しません．前述したように有名な『魏志倭人伝』にも牛馬などとともに日本にいないとされていました．しかし100万年以上前の第四紀更新世初期の地層からは出土しています．アジア大陸と日本列島がつながっていた時代には生息していたわけです．有史時代以降，あらためて虎が人為的に渡来したのです．諸説ありますが，虎皮は早くから中国や朝鮮からもたらされました．当時の人々にとって虎皮の縞模様はたいへん特徴的で印象深かったことでしょう．ついでにいいますと，石炭の世界では，炭層に灰白色ないし黄色の挟みが縞状に互層をなしているものを「虎の皮」と俗称します．

　さて，生きた虎は，宇多天皇の寛平2（890）年に渡来したのが最初だといわれます．当時の人気絵師の巨勢金岡に写生を命じましたが，どうやらこの虎は子虎だったようで，その特徴である頭でっかちで額が張り出し，眼が大きく描かれ

ていました．その後，実物を見たことがない絵師もこれを原本にして描き伝えたので，日本画の虎はそのようにあいまいに表現されてきたのです．京都の二条城の襖絵でも虎だかヒョウだか不分明なほどです．渡来後は人気があったようですが，悲劇的な事例もあります．江戸時代，慶長年間に岩手県盛岡市内丸の盛岡城址の南隅に，雌雄二頭の虎を飼っていた虎牢がありました．虎の餌として近在から飼い犬を召し上げていたのですが，あるとき鹿角(かづの)のマタギの秘蔵の犬の番となりました．マタギは悔しがりましたが，致しかたなく涙ながらに犬に言い聞かせて献上しました．しかし虎牢に入れられた犬が，逆に雄虎の喉に食いつき死なせてしまいました．この様子に雌虎が暴れだして牢を破り，少女をくわえて逃げ出したところ，盛岡藩主の南部利直（1576-1632）が自ら鉄砲で撃ち殺したというのです．その後，虎牢のあたりに虎の墓石とした「虎石」があったといいますが，今その所在は不明です．

　さて，石の世界の虎石（岩）を探求してみましょう．虎のまなざしは鋭いことで知られており，「虎視眈々」という言葉もあります．虎は一方の目で光りを放ち，もう片方の目でものを見るという中国の古い言い伝えがあり，この鋭い眼光と視線を「虎視」といいます．虎の目は皮膜という特別な細胞層に光を反射させ，視覚を携わる細胞に伝達するので夜間でもよく見ることができます．そこで，まずは虎の目にちなんだ石（化石を含む）をいくつか紹介しましょう．

　明の時代の郎瑛（1487-?）が著した『七修類稿』によれば，虎を獲たときにその頭があった位置を覚えておき，闇夜にそこを一尺ほど掘ると小石が得られるといいます．これは虎の視線にこめられた精魄が地に浸透してできた石で「琥珀」といい，小児のてんかんに効能があるというのです（西村，1994）．もちろん現実には，ご存じのように琥珀は主に松柏類の樹脂の化石で，昆虫や植物の一部を取り込んでいることもしばしばあり，飾り石によく使われます．わが国でも岩手県久慈市，千葉県銚子市や岐阜県瑞浪(みずなみ)市をはじめ各地に産出します．

　さて，そのものずばりの命名が「虎目石」（Tiger's eye）です．石英と青石綿を主成分（$NaFe(SiO_3)_2$＋混合物）とする硬度7の石です．青石綿は，いま社会的な大問題となっている石綿（アスベスト）の中でもその毒性が強いものです．

虫入り琥珀｜虎の視線にこめられた精魄が地に浸透してできた石が琥珀であるという話もありますが，実際は松柏類の樹脂の化石です．[E]

虎目石｜青石綿に石英が浸み込んで硬化した鉱物で，丸く磨くと光のかげんで虎の目のように見えることからの命名です．[E]

これに石英が浸み込んで硬化し，もとの青い色が酸化して黄褐色〜金褐色となって光沢をもち，丸く磨く（カボションカット）と光のかげんで虎の目のように見えるので，飾り石や印材として用いられるのです．古代では幸運を招く聖なる石として珍重されました．重篤な疾病の原因として忌み嫌われるアスベストも性質が変われば，あこがれの準宝石としてもてはやされるわけです．黄褐色を呈する

のは鉄分を含んでいるために，加熱処理して赤鉄鉱に変化させると「赤虎目石」と称されます．北海道美利加鉱山産碧玉のうち濃緑色を呈するものを「青虎」，赤色のものを「虎石」とも称します．栃木県宇都宮市大谷に産する有名な凝灰岩石材である「大谷石」のうち，白色がちで組織が細かく特等品のものを「虎目」と呼びます．

このほか，埼玉県秩父郡皆野町（みなのまち）産の茶褐色で乳白色の脈が入り虎斑（とらふ，とらぶち）を呈する結晶片岩（変成岩の1種）を「虎目石」ともいいます．景石として用いられましたが，現在は採石が禁止されています．

さて，虎の最大の特徴といえば，その黄色と黒の縞模様です．石の世界でもこの縞模様に着目して各種の成因の虎にちなむ石があります．岩手県大谷山鉱山は，北上山地の代表的な層状マンガン鉱床として有名でしたが，古生代下部二畳系のチャート卓越層中に胚胎しています．層厚は1～2mで，顕著な折り畳み褶曲が発達し，肥大部では10m以上にも達していました．鉱石はブラウン鉱（褐マンガン鉱）とチャートの互層からなる縞状鉱の色彩が虎の縞模様に似ているため，「虎マン」と呼ばれています．

鹿児島県高隈山地方に産する電気石化作用を受けたホルンフェルス（接触変成岩の1種）は，黒色縞状を呈するので「虎斑」（とらぶち）と呼ばれます．「虎斑」（とらふ）というのは，長崎県対馬の厳原（いづはら）付近に産する白土または陶石中に含まれる黒〜褐色または青緑色の斑点をいいます．絹雲母，褐鉄鉱，電気石，緑泥石を主成分とします．同工異曲ですが，虎の縞模様のように見えることから「虎斑石」（とらふいし）と称されるものは各地にあります．たとえば，新潟県岩船郡上海府村（かみかいふ）産の石英粗面岩（流紋岩と同義）石材です．兵庫県城崎郡五荘村上陰（きのさき）産の石英粗面岩ないし同質の凝灰岩石材は，黄白色で褐色の条理があり，板状に割れやすいので，石材として用いられ「虎斑石」の俗称の他に「虎斑板石」「上陰石」（うわかげ）とも称されます．熊本県天草下の西海岸で採石される著しく陶石化した石英粗面岩である「天草石」「天草陶石」のうち，白地に赭色の斑点があるものも「虎斑石」と称されます．「虎斑大理石」というのは，岐阜県大垣市金生山（きんしょうざん）南斜面に分布する二畳紀の赤坂石灰岩のうち大理石化して縞状を呈するものをいいます．

北海道千歳鉱山の虎石｜石英と銀鉱物に富む黒い条線部分（銀黒）が虎の縞模様を呈することから命名されました。[E] 鉱山跡は、札幌、新千歳空港、苫小牧から、それぞれ車で約1時間。

　北海道千歳市の千歳鉱山（廃鉱）の「虎石」は，石英と銀黒が虎の縞模様を呈することから命名された縞状銀黒鉱です．銀黒というのは，鉱山用語で，金銀鉱床の石英脈中の銀鉱物に富む黒い条線部分の呼び名です．

　変成岩の虎石もあります．福井県三方郡美浜町和田海岸に分布する中生代ジュラ紀とされる頁岩は，接触熱変成作用によってホルンフェルス化して硬くなり，菫青石をはじめさまざまな変成鉱物を晶出するとともに，原岩にはスランプ性の堆積構造が発達し，さらにチャートや砂岩が脈状に発達しているため縞模様を呈し「虎石」と呼ばれています．銘石として名高く，庭石や観賞用の水石として人気が高いものです．

　日本三銘石の1つで人気の高い鳥取県八頭郡佐治町産の「佐治川石」は，塩基性（珪酸分 SiO_2 が相対的に少ない）火山岩起源でいわゆる三郡変成岩に属します．古生代（ここでは約3億年前）の海底火山活動によって噴出した玄武岩質の溶岩や火砕岩などの源岩が，その後，中生代白亜紀（ここでは約1億年前）の花崗岩の貫入時の熱や圧力に影響されて変成したものです．この中で元の玄武岩質凝灰角礫岩中の玄武岩角礫が変成作用でレンズ状に引き伸ばされ硬化したものが，「佐治川石」として愛石家の中で人気が高いものです．形や質感によって10種類に区分され，その1つに「虎石」があります（ちなみに他の9つは「佐治真黒石」「灰地石」「雲かけ石」「碧譚石」「紋石」「霰石」「巣立石」「天平石」です）．

かの宮澤賢治は，盛岡高等農林学校地質及土壌教室に進学し，その2年次の大正5（1916）年9月に秩父地方の地質や岩石を見学するため級友らと引率されて（いわゆる地質巡検），「日本地質学発祥の地」ともいわれる埼玉県の長瀞〜秩父地域を訪れています．これはドイツから明治8（1875）年に来日し，明治10（1877）年に設置された東京帝国大学地質学科の初代教授となったナウマン（Naumann, E., 1854-1927）が，翌年に長瀞を調査に訪れたことによります．この時賢治が詠んだ短歌に「つくづくと「粋なもやうの博多帯」荒川岸の片岩のいろ」という一首があります．これは長瀞で，「虎岩」と俗称されるスティルプノメレン片岩の岩肌が帯赤褐色のスティルプノメレンと，白色の石英や長石と層状をなす模様を博多帯の模様になぞらえたものです．スティルプノメレンは古くから鉄鉱床に伴う黒雲母に似た鉱物として知られていますが，長瀞のように低変成度の結晶片岩にも産します．土壌学教室二代目教授の長谷川米藏が昭和初期に作成した『長瀞見学の要項』では，「虎岩」は「黒雲母片岩と石英の互層より成る甚だしき褶曲圧力の為切断せられたるものにして層中繊維状方解石脈あり」と記されており，スティルプノメレンを黒雲母としていたようです．

　このほか各地にある「虎石」の原岩は，葉蠟石，白雲岩，流紋岩，安山岩，凝灰岩他さまざまです．成因も，石英（黄色の玉髄）と酸化マンガン（黒色）とが互層し，虎斑状を呈するものやコランダム（鋼玉）の柱状結晶集合体が葉蠟石（熱水鉱脈中に長石の変質物として産出）中に散在して虎斑状を呈するもの（広島県勝光山産のものは有名）などさまざまです．長野県上伊那郡東箕輪村にあったという「虎石」は，石英・長石がまざって白色や黄褐色を呈し，まだらとなっているものだそうですが，今となっては理由は不明ですが石垣に組むことを忌んでいるといわれます．高知県吾川郡吾北村思地産の石英斑岩からなる「虎石」は，黄褐色に茶褐色の縞模様があって虎の皮に似ていることから命名され，高知県庁1階ロビー壁面や同県営林局の石垣に使用されています．

　宮城県白石市小原温泉より8km白石川をさかのぼった七ヶ宿にある岩壁は，岩肌に虎斑のようなまだら模様があるので「虎岩」と命名されています．岩質は暗黒色緻密な両輝石安山岩で，部分的に柱状節理が発達します．新第三紀中新世

埼玉県長瀞の虎岩｜石英脈の発達したスティルプノメレン片岩（上部の黒っぽい部分．下位は緑色片岩）．[K] 秩父鉄道「上長瀞」駅から徒歩約 20 分，養浩亭裏の川岸．

中期の凝灰質シルト岩・砂岩互層からなる赤畑層を貫いており，顕微鏡下では斜長石の板状結晶中に特有の双晶を呈する普通輝石が見られ，このほか磁鉄鉱が多くあります．また，対岸に「材木岩」があることも知られています．

　特徴的な体表に比して，虎の体形はなかなか石の形として表しにくいせいか，説明されなくてはどこが虎なのかわかりにくいものが多いのですが，まずは庭園や神社仏閣境内の世界の「虎石」から紹介していきましょう．

　すでに紹介した石川県金沢市の兼六園には多くの庭石が配置されていますが，その中でも「虎石」「獅子巌」「竜岩」は三要石と称されています．もとは七尾城にあったものを金沢城玉泉院丸の庭に移し，さらに兼六園に運び込まれたものです．「虎石」は，霞ヶ池北岸の椎の木根元の笹薮の中にあります．虎がやや前かがみになって口を開けほえているようにも見えることからの命名だそうです．能登外浦の曽々木か福浦産の自然石だといいます．

　慶長 3（1598）年に亡くなった豊臣秀吉を祀った滋賀県長浜市の豊国神社に「霊石虎石」と称される虎石（「太閤さんの虎石」）があります．神社前の瓢箪池

のほとりの築山上に位置しています．虎がうずくまった形をしているので「虎石」です．元は長浜城内にあり，秀吉が大事にしていたそうですが，いつか大通寺に移設されました．ところが，この石が寺の御連枝の夢枕に立って「いのう，いのう」と夜ごと泣き続けるという話が流布し，元城内の豊国神社に戻されたといいます．

　三重県伊勢市にある伊勢神宮境内で，五十鈴川と支流の合流点に突き出た部分に鏡宮神社があります．この神社の北東角に位置する「虎石」がありますが，川面に近いため満潮時には水没して見ることができません．虎がやや左に頭部を傾げたような形状ですが，もちろん脚部はありません．祭事の際は二面の鏡をこの石の上に置くそうで，ちなみに祭神を岩上二面神鏡霊というのです．木柵に囲まれあまり近くに寄って観察もできないので，岩質の詳細はわかりませんが，青黒色の先第三系砂岩のようです．

　虎の形や縞模様には無関係ですが，その体軀の大きさを意味する「虎石」があります．大阪城で石垣を構成する石塊の中で11番目の巨石です．高さ2.7m，長さ6.9m，重さ約40tあり，天守閣の入口にあたる桜門枡形にあります．建材として著名な瀬戸内海の北木島産の白亜紀花崗岩からなっています．岡山の大名池田忠雄が運び込ませたものです．「虎石」の向かい側には「竜石」があります．古代中国で青竜は東方，白虎は西方を表すので，そのような位置関係を示したものでしょう．ついでにいいますと，最大の巨石は「蛸石」といいます．

　昔は，どういうわけか女性に「トラ」という名をつけることがあり，それにちなんだ石（碑や墓石）も多くあります．福島県福島市山口字文知摺には，福島市指定の史跡名称である「文知摺観音」があり，この境内に古来有名な歌枕にちなんだ石があります．それが「文知摺石」です．「もちずり」の名は，かつてこの地の特産物であった「もちずり絹」に由来するそうです．「しのぶもじずり」「しのぶずり」というのは，忍ぶ草（ウラボシ科のシダの一種）の茎と葉をすりつけねじれたような模様を出したものです．これの綾形を組み合わせた模様の絹地だそうです．また，文知摺石の表面に忍ぶ草の模様があり，そこに藍をすりつけ絹織物を染めたともいいます．いずれにしても，奥州藤原氏二代目の基衡が京都の

文知摺石｜福島県福島市山口字文知摺にある中生代後期白亜紀の花崗閃緑岩からなる岩塊でしょう．[K] 福島市中心部から東へ約6 km．

虎女の墓｜福島市指定の史跡名称である「文知摺観音」境内にある．[K] 福島市中心部から東へ約6 km．

仏師雲慶に送ったという記録もあり，当時京の都では大変な評判で，公家の狩衣などに愛用されたそうです．岩質は粗粒の花崗岩質岩で，巨礫の平坦な面は，おそらく節理面でしょう．周辺に分布するのは中生代後期白亜紀の霊山複合花崗岩類に属する片状黒雲母角閃石花崗閃緑岩なので，この石もそれに由来するものでしょう．もちろん，現在では模様が見えるわけはありません．浸食に抗する程度が違う鉱物の分布，とくに比較的目立つ黒雲母の分布形状を忍ぶ草の模様になぞらえたのでしょう．

　さて，この石にまつわる伝説は次のようなものです．9世紀半ばの平安時代前期の貞観年間（859-877）に，陸奥（青森県と秋田県の一部）と出羽（秋田県と山形県）二カ国の按察使に任ぜられ京都からみちのくへ下ったのが，嵯峨天皇の皇子で臣籍に下って源姓を賜った公卿の源 融（822-895）でした．按察使は地方行政の監督役で，任地の隅々を巡回するのです．あるとき公務と離れ世に名高い「文字摺」を見にお忍びで信夫郡へやってきたところが道に迷い，折よく通りかかった村の長者に招かれその家に行き，娘の虎女に会い，相思相愛の仲となったそうです．やがて，源融は再会を固く約して都に戻り，虎女は文知摺観音に百日参りの願をかけて待ちわびました．満願の日にふと見ると「文知摺石」の表面に源融の面影が浮かびました．これにより別名「鏡石」ともいわれます．しかし，一瞬で像はかき失せてしまい，あまりのショックで彼女は病の床に伏せってしまいました．そんな折，使いの手で「みちのくの　忍ぶもちずり　誰ゆ

えに　みだれ染めにし　我ならなくに」という歌がもたらされたのです．

　この歌は，なかなかの恋の秀歌で『古今和歌集』にも載りましたし，明治8（1875）年に建立された「河原左大臣歌碑」にも刻まれています．その後，虎女は儚くなってしまいましたが，昭和58（1983）年に有志によって墓と称されるものが立てられました．33年に一度開扉される観音の奉修にあたり，京都嵯峨の清凉寺から公の分骨を迎え，虎女の墓もここに移し法要したのです．千百余年を経て初めて二人の思いが結ばれたというわけです．後年，松尾芭蕉もこの地を訪れ，「奥の細道」に「早苗とる　手もとや昔　しのぶ摺」という句を載せています．さて，「奥の細道」によると，昔はこの石は山上にあったそうですが，麦の葉でこの石をこすると自分の思う人の面影が映るという俗説（「鏡石」伝説）が流布し，訪ねてくる人が畑の麦を荒らすので，付近の百姓が怒って石を谷に突き落としたため，源融の面影が浮かんだ石の面が下になってしまい，さらになかば土に埋もれていました．正岡子規も明治26（1893）年に当地を訪問し，「涼しさの　昔をかたれ　忍ぶずり」という句を残しています．境内にある句碑は，昭和15（1940）年に建立されたものです．

　埼玉県蓮田市の南端を流れる綾瀬川北岸の馬込地区の墓地にある幅80 cm，高さ約4 mあまりの県文化財となっている板石塔婆は「寅御石」「お寅石」と呼ばれています．表面に「南無阿弥陀仏」と大きく刻まれ，下部に「報恩真仏法師　延慶四年（1311：筆者注）辛亥三月八日敬白　大発願主釈唯願」の銘があります．昔，付近に住んでいた長者の娘である見目よく心根の優しいお寅は，多くの男たちに求婚されて悩み「死後，自分の身体を料理して求婚者たちに振舞ってほしい」との遺書を残して自害したというのです．後でそれを知った男たちは驚き悲しみ，彼女の供養のためにこの碑を建てたといいます．

　トラという名の女性で最も有名なのは，曽我十郎の恋人となった虎御前でしょう．神奈川県中郡大磯町にある延台寺は，身延山19世日道が慶長4（1599）年に創建した寺で，その境内にある「曽我堂」内に「虎御石」が置かれています．これは，虎御前が弁天様のお告げで誕生したときから彼女とともに大きくなった「生き石」といわれ，曽我十郎が工藤祐経の家来に狙われたとき，彼の身代わり

となって助けたともいわれ「身代り石」の別名もあります．毎年，5月下旬の日曜日に一般公開されます．虎御前は，建久4（1193）年に十郎の死を知ると，19歳で剃髪し，諸国を巡って彼の冥福を祈り，晩年は平塚市に跡がある平安後期～鎌倉前期の築造とされる山下館に住み53歳で没したとされますが，次のように異説も多く各地にちなんだ石があります．

　たとえば，虎御前は19歳のとき兄弟の菩提を弔うため，善光寺に来て尼になり近くの虎石庵で暮らしたといいます．女性の名前に「虎」というのは異な感じがしますが，寅の年寅の月寅の日生まれだからともいい定かではありません．長野県長野市岩石町の武井神社の裏手に，道端にあるすべすべした石で軽石のような石の上に「虎が石」が据えられています．これは死後彼女の髪を埋めたと塚だとか，彼女が石化したものだとかいわれます．大磯の遊女虎が善光寺に来たことは13～14世紀に著された『吾妻鏡』に記述されていますが，この塚が本当に虎御前の関係するものかは定かではありません．ちなみに虎御前の塚ないし「虎御前石」と称されるものは，県内だけでも長野市内に5つ，須坂市に2つ，北佐久郡立科町に1つ，上水内郡三条村に1つあるそうです．

　いわば本家を称する神奈川県の「大磯の虎が石」は江戸時代から有名で，虎御前が石に化したものであるとか，色男なら持ち上げられるが醜男は持ち上げられないとか，一石中に二根があるとか，曽我十郎が放った矢疵があるとか，敵の切りつけた太刀跡があるとか，さまざまにいわれていました．虎御前の墓と称されるものも各地にあり，神奈川県箱根の精進池あたりにも曽我兄弟の墓とともに並んでいます．この墓石を他所に移すと一夜のうちに元に位置に戻り，兄弟の墓に寄り添うといわれてもいます．さらに，鹿児島県曽於郡志布志町の大慈寺にも「虎ヶ石」があり，これも大磯の虎の建立と伝えられています．さらに異説では，JR若桜線因幡船岡駅（鳥取県八頭郡）から約8kmに位置する臨済宗の古刹である能引寺の縁起では，曽我兄弟が自刃した後，尼となった虎御前は諸国をめぐり，建久6（1195）年にこの地に住み，30歳余の生涯を終えたといいます．その後貞応元（1222）年，彼女の伯父という者が叡山から来て寺を建立し，虎石山能引寺と称したといいます．真偽のほどを問うのは野暮というものです．

獅子にちなむ石

　獅子は西域では太陽の力を宿すとされ，釈迦の左脇侍である文殊菩薩が乗る神獣とされ，中国にも聖獣として戦国時代頃に伝わりあがめられました．謡曲『石橋（しゃっきょう）』でも「獅子の勢いになびかぬ草木はない」という一節があり，いずこでも「百獣の王」とみなされてきました．したがって紋章や絵・彫刻の題材として，また門柱や扉をはじめ建物の飾りや庭石などさまざまに表現されています．

　獅子の石造物の一例として，東京都千代田区指定有形民俗文化財である「石獅子」を示しておきましょう．これは江戸時代末期に製作され，神田明神社前に岩石を積み上げて獅子山を作り獅子の子落としを意味して夫婦獅子と子獅子を据えたものです．大正12（1923）年の関東大震災時に，獅子山が崩壊し子獅子も逸失しましたが，その後再建された獅子山上に夫婦獅子を再び配置したものです．

　次に，「虎石」のところでもふれたように，兼六園の3つの要石の1つである「獅子巌」を示しておきましょう．黄門橋を渡った左側の袂に配されています．小ぶりの愛嬌のある姿態ですね．犀川畔の滝坂産の紺色をした自然石で，獅子といえば獅子の形をしています．もっとも，苔むしていて立て札がなければ犬にも見えますが．

　さて，虎の話を目から始めましたが，自然界における獅子と石の話も同様に目から始めましょう．13世紀のスコラ哲学を代表する思想家であるアルベルトゥス・マグヌス（1193-1280）は，「ライオンの目を腋下につけていれば，どんな動物でも頭を垂れて逃げさるであろう」と突拍子もないことを述べています．また，前述したいわゆる「プリニウスの博物誌」の中で「ライオンを生け捕りにする方法として外套などを投げかけ頭部を覆うとライオンの力は全部両眼に集中しているので眼が見えなくなると闘争意欲が減退し屈服する」と述べられています．それはともかく石の世界にも「獅子の目」があります．写真（p.173）に示すように，秋田県鹿角郡小坂町（かづのこさかまち）小坂鉱山産の黒鉱中に黄鉱が眼玉状斑紋として点在するのを見立てたものです．時代は新第三紀中新世です．黒鉱は，緻密な銅・鉛・亜鉛を主とする鉱石で，海底火山噴出物であるいわゆるグリーンタフ（緑色

獅子巌｜石川県金沢市兼六園の庭石の1つです．[K] 👞JR北陸本線「金沢」駅からバス「兼六園下」下車，徒歩1分．

石獅子｜東京都千代田区指定有形民族文化財でである神田明神の「石獅子」．[E] 👞JR中央線「御茶ノ水」駅から徒歩5分．

凝灰岩）に胚胎します．

　ところで，俗に「目鼻立ち」といいます．目の次は鼻のご紹介です．JR東北本線一関駅からJR大船渡線に乗り換えて5つ目の猊鼻渓駅で降り，さらに徒歩5分で到達する「猊鼻渓」は日本百景の1つでもあり，大正14（1925）年に国の名勝に指定されました．北上川の支流砂鉄川沿いにまさにめぐらしたかのような高さ数10mから100mを超す絶壁が続くさまは圧巻です．

　言い伝えでは，19世紀半ばの江戸時代弘化嘉永の頃，松川（東磐井郡東山町）の百姓三太郎は孝心が厚いことで近隣に有名で，仙台藩主伊達慶邦公から愛馬を賜る栄誉を受けたほどであったそうです．三太郎は25歳で妻トリを迎えましたが，ひそかに彼を恋い慕っていた長坂村の娘小夜はこれを儚んで，獅子ケ鼻から身を投げてしまいました．猊鼻渓の川砂に混ざっている黒い砂鉄は，色黒だった小夜の膚から洗い落ちたものといわれ，浅い水底に波紋を描いて堆積しています．また，渓間を飛び交うカワスズメは彼女の化身であると今に言い伝えられています．川くだりの手漕ぎ遊覧船に乗ると船頭が歌ってくれる「げいび追分」前

獅子の目｜秋田県小坂鉱山の黒鉱中に黄鉱が眼玉状斑紋として点在するのを見立てたもので，時代は新第三紀中新世です．[E] 🚌 JR花輪線「鹿角花輪」駅前からバス約40分．

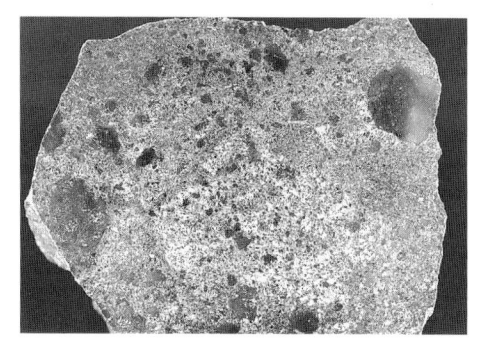

歌に「清きながれの砂鉄の川に　船を浮かべて掉させば　曇り勝ちなる心の空もネ　晴らしてくれます獅子ヶ鼻」とあります．地質的には南部北上山地に広く分布する古生代堆積岩類の一部である石炭紀〜二畳紀の石灰岩で，さまざまな浸食地形を呈しています．げいび橋をくぐると右岸の大岩壁中ごろ下位に「獅子ヶ鼻」と呼ばれる突起部があります．猊鼻の名称もこれに由来します．遠目には一部石灰岩が雨水で浸食溶融されたように見えます．まさに獅子っ鼻です．

口を開けた獅子の横顔は特徴的なので，石の世界でもいくつかあります．北海道せたな町の「狩場茂津多道立自然公園」にある「獅子岩」は，獅子が海に向かって一声高くほえかかる姿に似ているところから名づけられたそうです．天辺には，アイヌの力持ちが担ぎ上げたという3つの石（75 kg）があるということです．付近には新第三紀中新世の流紋岩〜安山岩質の火砕岩が分布しています．

静岡県沼津市の駿河湾に位置する小島である淡島にある「獅子岩」も，横を向いて口を開けてほえているかのような形状は秀逸です．新第三紀中新世中期〜鮮新世後期にかけての白浜層群に属する火砕岩が第四紀完新世（ここでは約6000年前）に浸食されてできた海食地形です．ちなみに，写真（p.175）の人物は若き日の筆者（加藤）です．

紀伊半島に位置する三重県熊野市七里ヶ浜海岸に有名な「獅子岩」があります．どこの誰が言い出したか知りませんが「日本のスフィンクス」とも称される

獅子ヶ鼻｜岩手県「猊鼻渓」にあり，石炭紀〜二畳紀の石灰岩が一部雨水で浸食溶融したものでしょう．[K] 🥾JR大船渡線「猊鼻渓」駅から約400 m．

北海道せたな町の獅子岩｜付近に分布する新第三紀中新世の安山岩質の火砕岩の浸食塊でしょう．[S] 🥾せたな町役場から車で約20分．

淡島の獅子岩｜静岡県沼津市淡島にあり，新第三紀中新世中期〜鮮新世後期にかけての白浜層群に属する火砕岩が第四紀完新世（ここでは約6000年前）に浸食されてできた海食地形です．[K] 👟JR東海道本線「沼津」駅からバスで約30分．

七里ヶ浜の獅子岩｜三重県熊野市の海岸部に位置し，新第三紀中新世前〜中期の熊野酸性火山岩類からなっています．[S] 👟JR紀勢本線「熊野市」駅から車で約3分．

そうで，高さ約25 m，周囲210 mの岩塊で太平洋に向かってまさに獅子吼しているかのような雄大なもので，これは見事です．新第三紀中新世前〜中期で紀伊半島南東部に広く分布する流紋岩，凝灰岩や花崗斑岩などからなる熊野酸性火山岩類です．

あまり獅子の形状がはっきりしませんが，そういわれれば，なんとなく横から見た獅子のような「獅子岩」というのも各地にあります．

吉野熊野国立公園に属し，三重県と和歌山県の境をなす熊野川の支流北山川に沿う瀞峡は，佐藤春夫の『とろ八丁の記』でも知られる紀伊山地深く刻まれた峡谷で，さまざまな奇岩・断崖が続きます．木津呂付近を通る断層（御坊－萩構

獅子にちなむ石

瀞峡の獅子岩｜和歌山県熊野川の支流北山川に沿う渓谷に位置し、中生代白亜紀の日高川層群竜神累層に属する砂岩泥岩からなっています．[K] JR紀勢本線「新宮」駅からバスで40分，「志古」下車，ウォータージェットで遊覧できます．

鳴子峡の獅子岩｜宮城県鳴子温泉の西方の大谷川に沿う渓谷に位置し、第四紀の鳴子火山のデイサイト質火砕物からなっています．[K] JR陸羽東線「鳴子温泉」駅から車で約10分．

造線）の南側には新第三紀中新世の熊野層群の砂岩泥岩互層が分布し，北側の下地付近までは白亜紀の日高川層群の最下位を占める丹生ノ川累層で，そのさらに北側に上位の日高川層群竜神累層が分布します．いずれも砂岩や泥岩ないしその互層からなります．瀞峡は，竜神累層分布地域にあり，さまざまな浸食や崩壊によってできた岩塊の1つに写真の「獅子岩」があります．なんとなく間伸びした感じのユーモラスな獅子です．

　紀伊半島から東北に飛びましょう．宮城県北西部に位置する第四紀の鳴子火山は，直径400mの潟沼カルデラと，東側の4つの溶岩円頂丘，西側の修羅洞火口からなっています．標高470mで，基盤の高さが250mとなり，東北地方の陸上火山のうち最も低い火山なのです．活動開始時期は約10万年前で，山体南東側に軽石流が流下し，潟沼カルデラが形成されました．次に4つの溶岩円頂

丘の形成，修羅洞火口からの溶岩流噴出が続きました．潟沼も引き続き爆裂火口として活動し，数度泥流の流出がありました．噴出物の岩質はデイサイト（昔は石英安山岩といっていました）です．ご当地では「鳴子石」「鳴子水石」と称され，蹲（つくばい）や蛙の置物，石灯籠などに加工して売っています．

さて，鳴子温泉の西方で大谷川が上記の火砕流堆積物を削り込み，全長 2.5 km にわたる県指定名勝「鳴子峡」を形成しました．崖の比高は 80～100 m ありますが，幅は最も狭いところで 10 m，広いところでも 100 m ほどで，急峻な形状を呈しています．「鳴子峡」には，たくさんの石の俗称がありますが，最も有名なのは，入口からほど遠からぬところにある「猿の手掛け石」でしょう．痩せ尾根状地形の岩塊の上部に浸食に弱い部分が削剝され，いくつかの穴が開いているものです．これを猿が手がかりにして急な斜面をよじ登ったというのでしょう．ネーミングはいいのですが，地質学的にはたいした意味はありません．

このほかにも由来のよくわからない石が多々あります．いわく，「立岩」「赤松岩」（たぶん岩の形には無関係で単に赤松が生えていただけなのでしょう），「一双岩」「羽衣岩」「天柱岩」「えくぼ岩」「帯岩」「虫喰岩」「九竜岩」「夫婦岩」「晴雨岩」「弁慶岩」「扉岩」「烏帽子岩」「福の神岩」などなど枚挙にいとまがないほどです．峡谷の真ん中へんに，前頁右の写真のように，「獅子岩」という看板があるのでそれとわかる，ぼけた感じの「獅子岩」があります．これらはいずれも凝灰角礫岩で，上流に進むにつれ，すなわち下部から上部に行くにつれ礫の量が減る傾向にあり，一部は泥流堆積物であることを示す浸食に弱い泥やシルトの大塊が含まれています．

最後に，後ろ姿が特徴的な「獅子岩」をご紹介しましょう．前述した「仏ヶ浦」とほぼ同様の地層が，青森県西津軽郡深浦町の北東部の日本海岸に分布している中部中新統下部の大戸瀬層吾妻川流紋岩部層です．岩質的には，黒雲母流紋岩～デイサイト溶岩・同質火砕岩で，やはりいわゆるグリーンタフの一員であり濃淡の緑色を呈しています．寛政 5（1793）年の西津軽地震によって海岸が隆起し，「千畳敷」と称されています．弘前藩主が巡検の際には，千畳の畳を敷いて宴を催したといわれているほど広々としています．この一隅に写真のような「ラ

獅子にちなむ石

千畳敷海岸のライオン岩｜青森県西津軽郡深浦町北東部の日本海岸に分布する中新世中期の大戸瀬層に属する黒雲母流紋岩〜デイサイト溶岩・同質火砕岩からなっています．［K］ JR五能線「千畳敷」駅からすぐ．

イオン岩」があります．デイサイト溶岩が浸食されて後ろから見るとライオンが寝そべっている姿にそっくりな様子です．鼻面と鬣(たてがみ)の感じがよく出ていますね．

　獅子や虎も，全体像はもとより，目鼻立ちから後ろ姿まで石の世界に写し取られている様子の一端がうかがえたでしょうか．

第9章
人類の良き友——ペットや家畜

猫岩｜北海道礼文島の桃岩ユースホステル近くの沖合に浮かぶ高さ約10 mの岩で，両耳や背中を丸めた様子が，ちょうど猫が後ろ向きに座っている姿に似ています．中生代白亜紀の礼文層群に属する安山岩質火山岩類からなっています．[S]
礼文町役場から車で15分．

人と最も関わりが深い動物はペットや家畜でしょう．まさに人類の歴史とともに歩んできたそれらの動物たちにはひとしおの愛着が感じられます．前者の例として猫や犬を，後者の例として牛馬を取り上げ，それらを石の世界に探ってみましょう．

猫や犬にちなむ石

　本章扉写真に秀逸な「猫岩」が載っていますが，他にもいろいろあります．
　源義家（1039-1106）が康平5（1062）年に発見したとされる岩手県盛岡市繋(つなぎ)温泉の玄関口に「猫石」と称される岩塊があります．昔は巨大な猫形の大石が道路の両側に立っていたそうです．温泉に客を招く「まねき猫」ともいわれたそうですが，西側の「猫石」は取り壊され，東側の「猫石」の一部が残っているだけになってしまいました．横約5m，高さ約2m，幅約1.5mの岩塊です．元は，この5倍の大きさがあったといわれますが，いまでは確かめるすべもありません．岩質は後述する「繋石」と同じで，新第三紀中新世の流紋岩質凝灰角礫岩です．このいわれは，説明の看板によれば「前九年の役のおり阿倍貞任と八幡太郎義家の戦いは熾烈をきわめ，八幡太郎義家は追われるようにして湯ノ館山に兵をひきました．食料に困りはてた義家は，木の実，山のけものを集めて食物として食べ，骨を山裾に投げました．投げすてられた骨は，一夜にして猫の形をした石になって義家の殺生をいましめました．里人は猫の形をした大石を猫の霊，猫石と呼んで赤飯をあげてお祭りすることが多かった」ということです．
　すでに述べた岩手県遠野(とおの)にも写真のような「猫石」がありますが，仔細はわかりません．
　宮澤賢治の宗教観にも影響を与えた仏教者の田中智学（1861-1939）は，福島県磐梯山(ばんだいさん)噴火の報道に接し，写真師を連れて罹災地を調査・慰問しました．

繋温泉の猫石｜岩手県繋温泉入口にある横約 5 m，高さ約 2 m，幅約 1.5 m の岩塊です．八幡太郎義家に関わる伝説があります．あたりに分布する新第三紀中新世の流紋岩質凝灰角礫岩からなっています．[K] 👞JR東北本線「盛岡」駅からバスで約 30 分の「つなぎ温泉」下車すぐ．

遠野の猫石｜岩手県遠野の中生代白亜紀花崗岩からなる岩塊です．詳細は不明です．[K] 👞JR釜石線「遠野」駅から車で約 15 分．

そのレポートは「磐梯紀行」と題して明治21（1888）年に30回にわたって新聞掲載され，多くの反響を呼びました．さて，この「磐梯紀行」6回目に「猫石」が出てきます．現在，磐梯国際スキー場を上っていったところにあり，猫が臥しているように見えるので名づけられたものです．この石は，昔盛んであった養蚕の大敵である鼠を退治する霊力があると信じられ，「赤猫大明神」として敬われていたそうです．智学はさらに，この石から南東方にも「猫石」があることを言及しています．猪苗代湖町から国道115号線を福島方面に向かい，伯父ヶ倉集落を抜けてすぐの道路左の林中にあるそうです．これら2つの「猫石」には次のようないわれがあります．昔，磐梯山噴火時に逃れてきた夫婦の猫のうち，雄猫は長瀬川で力尽き，雌猫は川を渡ったが白木城の林で息絶えたというものです．それらが石に化したというのでしょう．旧暦4月12日には地元で猫石の祭りが催され，養蚕家は繭を鼠に食われないように酒をささげて祈願します．

「磐梯紀行」には記載されていませんが，猪苗代町土町(はにまち)にも「猫石」があるそうです．こちらは，昔，たくさんの猫がこの岩上に群がってひなたぼっこをしながら眠ったという伝承があり，石上には，「磐梯山災死者招魂」碑が建てられています．ついでにいいますと，磐梯山の西方約5kmに位置する猫魔火山にも「猫石」があります．この火山は頂上部にカルデラをもつ開析の進んだ火山地形をなし，外輪山東縁部の猫魔ヶ岳（1403.5m）の西方にやや出っ張ったように連なる大きな岩塊が「猫石」（1335m）で，山名の由来である化け猫伝説にちなむ俗称です．独峰状を呈しているのでかなり遠方からも見えてよい目印になります．猫魔火山は，新磐梯火山の活動期にはほぼ活動を停止（約3万4000年前）しましたが，主な活動様式は，中心噴火でした．噴出物は，大部分カルシウムに乏しい輝石を含む安山岩で「猫石」もこれからなっています．

怪談話の化け猫も怖いものですが，さらに怖いいわれの「猫石」もあります．石川県江沼郡の山中温泉北部にある十畳ほどの巨岩は猫のような形をしていたといいますが，だいぶ以前に頭部が欠けて今はその面影はないそうです．しかし馬鹿にしてはいけません．この岩が大聖寺川まで降りてきた時はこの世の終わりであるというのですから．

気を取り直して，次は犬と石の話に移りましょう．人類と犬の交渉もはるか昔からですが，日本でも縄文時代前期から知られています．アジア大陸から朝鮮半島を経て渡来したものだといいます．猟犬や畜犬，また愛玩犬として飼われてきました．銅鐸や埴輪にもその姿が描かれています．もちろん石の世界にもいます．

　まずは，犬の神様の石の話です．北海道の積丹（しゃこたん）半島北側の付根に位置する後志（しりべし）支庁古平（ふるびら）郡古平町に伝わるセタカムイの伝説です．昔，ラルマキという村の若い漁師が，一匹の犬を飼っていました．漁師は，犬を可愛がり犬も主人によくなついていました．ある時，漁師は仲間とともに沖へ漁に出て，犬はいつものように海辺で主人の帰りを待っていました．ところが，朝は穏やかであった海が日暮れとともに暴風雨のため荒れてしまいました．村人は，海辺でかがり火を焚いて猟師たちの無事を祈りました．やがて，難を逃れた漁師たちが浜に帰って来ましたが犬の主人である漁師は，ついに帰って来ませんでした．暴風雨は何日も続きましたが，犬はずっと海辺で待ち続けていました．暴風雨が止んだ朝，海辺に犬の姿はなく，岬に犬が遠吠えをしているかのような形の岩が，こつ然とそそり立っていました．村の人々は，その岩を「セタカムイ」（犬の神様）と呼ぶようになったということです．このあたりは，新第三紀中新世中期の古平川層に属する変質した玄武岩〜角閃石安山岩質火砕岩が分布しています．

　このように犬の飼い主に対する忠誠心は，東京渋谷の忠犬ハチ公の話をはじめ全国各地で伝えられています．千葉県東端の銚子にある「犬石」は，義経伝説にまつわるものです．義経主従が奥州落ちの途次，銚子から舟に乗った際，海岸に取り残された愛犬が終夜鳴きつづけついに岩に化したものであるといいます．義経主従が銚子に行ったことがあるかどうかは伝説です．

　こんなすばらしい忠犬の話もあります．岡山県岡山市犬島は，かつて石の島としてまた銅精練所として栄えました．犬島本島の西北に周囲800mの犬の島があり，島の頂上部に高さ約3m，周囲約6mの石があるそうです．菅原道真（845-903）が太宰府に左遷の途次，備前沖で船が悪天候のため大渦巻きに飲みこまれそうになったとき，聞こえてきた犬の鳴き声に導かれ無事島にたどりつい

セタカムイ（岩）（犬の神様）｜北海道後志支庁古平郡古平町にあり，犬が主人の帰りを待ち続けて石に化したという言い伝えがあります．新第三紀中新世中期の古平川層に属する変質した玄武岩〜角閃石安山岩質火砕岩からなっています．[S]　JR函館本線「余市」駅から車で約15分．

たといわれます．この犬は，かつて道真が京の都で長く飼っていた犬で，一日一碗の砂を与えると金貨一枚を生んだというお宝犬でした．その昔，道真が熊野参拝の途次，紀ノ川で渡し賃の代わりに渡し守に与えました．ところが，欲深い渡し守に多量の砂を与えられ死んでしまった犬がこの島に流されてたどりつき石になっていましたが，今回主人の危機を救ったというわけです．それからは犬神明神として奉られ，島の名前の由来ともなりました．島は，中生代白亜紀の花崗質岩からなっています．

　さて，神社に狛犬はつきものですが，次はスケールの大きい神社がらみの「犬岩」の話題です．すでに述べましたように宮崎県日南市の鵜戸神社には，「乳岩」「亀岩」など神話伝説にからんだ多くの奇岩がありますが，本参道（八町坂）から本殿を守護する犬のように見えることから「神犬石」と命名された巨岩があります．「いぬいわ」と読むそうです．付近の地質と同様に新第三紀中新世後期の宮崎層群鵜戸層の砂岩塊です．

犬岩｜福島県会津郡下郷町の大川沿いの渓谷「塔のへつり」にあり，第四紀前期更新世の凝灰質堆積岩からなっています．[K] 👟会津鉄道会津線「塔のへつり」駅から徒歩3分．

神犬石（いぬいわ）｜宮崎県日南市大字宮浦の鵜戸神社の本参道から本殿を守護するかのように見えることから命名されました．新第三紀中新世後期の宮崎層群鵜戸層の砂岩塊です．[K] 👟JR日南線「油津」駅から宮崎交通バス宮崎駅行きで20分，「鵜戸神宮入口」下車すぐ．

　今度はちょっと可愛らしい「犬岩」です．第7章でも出てきた「塔のへつり」にあります．このあたりは新生代第四紀前期更新世の後カルデラ期湖成堆積物に属する凝灰岩類や凝灰質堆積岩からなる浸食地形が発達しています．その1つに写真のような「犬岩」があります．なんとなく後ろ向きに横たわった犬の姿がうかがえます．

　犬を使う闘犬や狩にちなむ石があります．たとえば，福島県信夫郡にある「犬石」は，その昔，畠山の犬と佐渡の犬が戦いましたが勝負がつかず，化して石となったものだといいます．福井県大飯郡の「犬石」は，若狭と丹波が国境争いを解決するために，犬に勝負をさせたところ，若狭の犬が勝ちましたが，その後国境に犬に似た形の石が現れたというものです．犬に代理戦争をさせるのは，人的被害を出さない知恵ですが，動物愛護団体からは苦情が出そうです．長野県下伊那郡の「犬石」は，長野県諏訪地方で有名な冒険伝説の主人公であり，後に諏訪明神として祀られる甲賀三郎が二匹の犬を連れて狩りにいった時，大鹿を射止めたと思うとその姿が消えうせ，代わりに一尺八寸の観音像が現れて二匹の犬は石に化してしまったというものです．殺生を戒めるという説教話でしょうか．

やたらに自然石を移動してはいけないし，祟りがあるというという話はお馴染みです．長野県下高井郡夜間瀬村に位置する高社山（こうしゃさん）（1351.5 m）山麓にある犬によく似た大石を「犬石」と称します．昔，ある長者が自分の家の裏庭に運び庭石としたところ，病人が続出したのでもとに戻したら病人は治癒したという言い伝えがあります．高社山は底径約 6 km の安山岩質の小火山で，その活動年代は 20～30 万年間で比較的短いものです．おそらくこの「犬石」は高社山の火山噴出物である安山岩溶岩塊でしょう．

牛や馬にちなむ石

牛や馬と人間の関わりも古く，また多様でした．歴史的には，すでに 1 万数千年前のヨーロッパの後期旧石器時代の洞窟壁画に描かれていることは有名です．わが国との関連では，『三国志』魏志東夷伝倭人の条（いわゆる魏志倭人伝）に，「邪馬台国には牛・馬・虎・豹・羊はいない」という記述があります．これが正しければ 3 世紀の日本には牛馬はいなかったことになります．しかし，歴史書の記述がすべて真実というわけでもなく，弥生時代の遺跡から牛馬の骨や歯の出土が報告されている例もあるそうです．いずれにしても古墳時代後期には牛は日本に確実に存在し，7～8 世紀には全国的に普及していたようです．

生物学的には，牛は偶蹄類（目）ウシ科に属する哺乳類の一員です．古第三紀漸新世のアジアに出現したとの説もありますが，確実には新第三紀中新世後期までさかのぼることができます．北半球から南アジアやアフリカに広がったのは次の鮮新世以降です．南米とオーストラリアには渡来しなかったので，今日両地方に分布する牛は人間が運んだ結果です．

馬は奇蹄目ウマ科ウマ属の哺乳類です．馬の祖先型は，古第三紀始新世初期の体長 45 cm ほどの大きさのヒラコテリウム（エオヒップスともいう）です．すでに前肢の指は 4 本，後肢の指は 3 本で指の数が少なくなる傾向を示していました．進化するにつれて体型が大型化し，脚の指の数も減ってきました．漸新世のメソヒップス，中新世のメリチップス，鮮新世のプリオヒップス，そして第四

紀のエクウスとなって現在のように指の数は1本になりました．日本最古の平牧馬の歯の化石は，岐阜県可児郡付近に分布する中新世（ここでは約1500万年前）の平牧累層から産出しました．化石は，脚の指が3本の三趾馬であるメリチップスの仲間で，生活場所が森林から草原に移行する頃の馬だと考えられています．このほか，日本に産する化石馬は，大部分が更新世後期（約3万年前以降）のもので全国各地から産出しています．高天原神話にはすでに馬のことが記されており，日本への最初の馬の伝来は小型の蒙古馬とされています．大型の馬が大陸から伝来したのは古墳時代の西暦478年頃といわれています．

　まずは各地の「牛石」の話題をいくつか紹介しましょう．基本的には牛の体形に似た石を「牛石」とか「牛岩」と名づけたものです．もちろん，天然の岩塊に牛の角状の突起があるわけではなく，牛が臥した様子を岩塊になぞらえたものです．牛にまつわる諺としては次に紹介する「牛に引かれて善光寺参り」が有名です．その伝説のある小諸〜長野一帯は中新世中期から隆起しはじめ，やがて陸化しました．鮮新世にはこの隆起帯に湖沼性の堆積盆地が生じ，小諸層群と呼ばれる陸成層が堆積しました．また，この時期には火山活動も盛んだったので，それらの噴出物は凝灰角礫岩や凝灰岩としてまた削剥されて，礫岩として堆積盆地に供給されました．

　さて，長野県小諸市にある釈尊寺，俗称「布引観音」は，奈良時代に各地を廻って仏教の普及や庶民の救済に努め，天平17（745）年にわが国最初の大僧正の位を受けた名僧行基（668-749）の開山になる天台宗の古寺です．布引観音に至る参道沿いの崖の露頭が，小諸層群に属する布引層の模式地です．時代は今から300万〜400万年くらい前の新第三紀鮮新世のもので，厚さ約150mほどあります．ゴツゴツした角礫を含む黒っぽい岩層が凝灰角礫岩，白色〜灰色っぽい厚さ数10cm程度の地層が凝灰岩や火山性の砂層です．これらが繰り返して出てきて，付近一帯は風化浸食によって急峻な奇岩・地形を呈しています．その中に「馬岩」と称する部分があります．岩質の違いによる浸食の程度が異なることや，割れ目が入って岩体の一部が欠落して全体としてなんとなく，そういわれて見ればという程度で矢印部分が馬の頭部のように見えます．ここの掲

馬岩（矢印が頭部）[左]と牛岩（どこが？）[右] | 長野県東端に位置する布引観音参道沿いの崖の露頭で，300万〜400万年くらい前の新第三紀鮮新世布引層に属する凝灰角礫岩，凝灰岩や火山性の砂層の互層からなっています．[K] 🥾 JR小海線・しなの鉄道「小諸」駅から西へ車で約10分．

　示板には「布引山の裏の大地を御牧ケ原（みまきがはら）といい，平安時代，朝廷直轄の官牧でありました．紀貫之が詠んだ「望月の駒」は当地の産である．この大地で育てた駿馬を朝廷に貢馬としておさめる際に唄われたうたが小諸馬子唄，〈小室節〉といわれており，今も唄いつがれている．その因縁が岩に馬の駆ける姿の如く現れている」とあります．

　その先に「牛岩」という掲示があります．「〈牛に引かれて善光寺参り〉の伝説発祥の地にふさわしく岩に牛の姿が現れており，この布引渓谷の中でも迫力ある奇岩である…」と書いてあります．これは露頭表面の色調の違いから牛の形に見えたようですが，現在では風化が進み，写真でみてもほとんど何が何だかわかりません．この伝説というのはおおよそ次のようなものです．昔，山麓に住んでいた因業で無信心の老婆が千曲川で白布をさらしていたところ，一頭の大きな黒牛が現れ布を角に引っ掛けて走り去っていきました．牛を追いかけてついに善光寺

まで行った老婆は，如来の光明を拝して信仰に生きることになったといいます．牛は元の道を引き帰して消えましたが，これが聖観音（または善光寺如来）の化身というわけです．本殿横に置かれてある「臥牛石」は，ありふれた黒雲母花崗岩製でどこの産地の石か特定できませんが，布引山一帯には分布しませんので大方，石材屋が持ち込んだものでしょう．後ろ向きに座った形です．別の言い伝えでは，老婆を善光寺に導いた牛が井戸の中に入って石に化したものとされる「臥牛石」が長野市にあります．こうした牛の石化伝説や「臥牛石」も枚挙に暇ないほど各地にあります（次頁写真）．平安貴族の乗用としての連想や菅原道真が牛車を引く牛をかわいがったという伝承から天満天神の使わしめとして，諸病平癒や商売繁盛を社前の「臥牛石」に祈願し，痛いところばかりでなく強くしたいところを撫でるとよいとする「撫牛信仰」などの風習も生まれたのです．

　次にちょっと変わった「牛石」をご紹介しておきましょう．相撲取りと牛石の話です．古今無双の大横綱といえば江戸時代の谷風（1750-1795）でしょう．宮城県仙台出身の彼にまつわる石が，仙台駅からほど遠からぬ陸奥国分寺にあるのです．この寺は天平13（741）年に聖武天皇（701-756）の勅願により建立された日本最北の地にある国分寺です．寺の開基は，すでに述べた行基ですが，その後焼失してしまいました．伊達政宗により，慶長10（1605）年から3か年を費やして，現在の金堂（薬師堂）・仁王門・鐘楼などが造営されましたが，他は礎石が残るのみです．

　さて，この陸奥国分寺に「谷風牛石」と称される岩塊があります．江戸時代の寛延3（1750）年夏，毎夜丑の刻になると薬師堂にお参りして何ごとか一心に祈願をこめる一人の女性がいたそうです．立派な男の子が授かりますようにと，お薬師様に百日々参の願をかけていたのです．満願の夜に仁王門をくぐろうとすると，足元に大きな牛が長々と横たわっており，先に進むのを妨げていました．しかし，ここで戻っては満願もかなうまいと思い，勇を鼓して牛の背を乗り越えて薬師堂へお参りし，満願を果しました．実はこの牛，仁王門の前にあった大石だったのですが，その女性の信仰心の篤さを試すため，お薬師様が姿を変えて現れたのだろうかともいわれています．やがて元気な男の子が誕生しました．これ

臥牛石｜長野県小諸市布引観音境内にあります．花崗岩製．[K] 🚃 JR 小海線・しなの鉄道「小諸」駅から西へ車で約 10 分．

臥牛石｜宮城県塩釜神社境内．花崗岩製．[K] 🚃 JR 仙石線「本塩釜」駅から表参道の石鳥居まで徒歩 15 分．

が後に「わしが国さで見せたいものは昔谷風，今伊達模様」と里謡にうたわれた寛政の名力士，谷風の誕生譚です．身長 189 cm，体重 169 kg で，横綱時の勝率は 96.1%，優勝回数 21 回という驚くべきものでした．しかし，この種の話によくあるように異説も多々あります．願をかけたのは 21 日間で，母親が仁王門を通り過ぎるたびに石が盛り上がりついに牛になった（その後，また石塊になって今日に伝わっている）とか，谷風が 5 歳のときにこの牛石が邪魔なので，何度も力を入れてついに動かしてしまったとかいいます．社務所で聞くと，2 つに

谷風牛石｜宮城県仙台市の陸奥国分寺境内にある輝石安山岩溶岩からなる岩塊．名力士谷風の誕生にまつわる言い伝えがあります．[K] 👞 JR 東北本線「仙台」駅から大和町行きバスで「薬師堂」下車すぐ．

割れて片方は行方不明になったそうです．もちろん転石なので由来はわかりませんが，岩質は周囲に分布するごく普通の輝石安山岩です．

　次に，馬と石の世界に入りましょう．地質学的にいう「馬石」には大きく2つの意味があります．構造地質学の分野では，断層運動によって上盤ないし下盤から崩れ落ちて両盤の間に取り残された岩石塊を指し，周囲をすべて断層で境され破砕されて角礫状になっていることが多く，英語でまさに horse stone とか単に horse といいます．もう1つは鉱床学の分野で使われます．鉱床中に鉱石や脈石と混在する母岩片や2つないしそれ以上の鉱脈に挟在されている母岩のことを中石(なかいし)と呼び，その大きなものを「馬石」と俗称します．いずれにしても周囲から隔離されている岩塊のことです．

　7章（p.144）でも述べたように，滋賀県甲賀郡甲南町の南西端で三重県阿山町との境に位置する岩尾山は，延暦年間に最澄が開山したといわれ，修験道の霊山として栄えました．中腹の息障寺(そくしょうじ)の付近には，花崗岩からなるさまざまな名称の岩塊があります．とくに，この山頂部の伊勢神宮を正面にする位置には巨大な「お馬山」（象岩ともいう）があって，神仏習合時代を忍ばせます．

牛や馬にちなむ石

さて，牛の場合はその座った全体像を塊状の岩に見立てやすいので，「牛岩」は各地にありますが，馬の場合はその長い四肢が邪魔してその全体を模することはむずかしいようです．そこで，次に述べるように馬の身体各部を個別に模した石・岩が多々あります．

　まず，「馬の足」です．一般に「馬の足」とは芝居で作り物の馬に入ってその足になる役者のことで，転じて下手な役者のことをいいます．石の世界にもあります．といっても形が似ているという意味ですが．たとえば，徳島県美馬郡貞光町を流れる貞光川の上流西岸に位置する蜂須神社裏手には，変成岩の一種である結晶片岩の主として絹雲母石墨片岩からなる岩壁があり「蜂須崖」と呼ばれています．その一部に石灰岩塊が挟在されており，そこにある鍾乳石の1つが「馬の足」と称されているそうです．

　足があれば足跡があります．「足跡石」の一種で「馬蹄石」というわけですが，馬のことを駒ともいうので「駒の爪石（爪跡）」と俗称されることも多く，各地にあります．「馬蹄石」があちこちで知られているのは，一種の招福信仰によるのではないかと思われます．というのは，馬の沓や蹄鉄を拾うと縁起がよいとする民間信仰が江戸時代からあったからです．さらに，古代中国の貨幣の中に「馬蹄金」という藁で編んで馬の足にかぶせて蹄を保護する馬沓に似た形の金塊があり，これが馬沓が福を呼び込むという信仰の原点と考えられています．石の風化浸食による地質学的には何ということのないくぼみを，馬の蹄跡になぞらえておめでたがっていたのでしょう．

　その一端をご紹介しておきましょう．栃木県大字復郷(うらごう)大石山山頂より北西に三十丈下がったところにある大石があり，山名の由来でもあるといいます．高さ約八尺，東西五間，南北三間の大きさで，石上に長さ四寸二分，幅三寸七分の「馬の足跡」があると言い伝えられています．これは，康平年間，八幡太郎義家の武将であった鎌倉権五郎景正がこの石の上に立ち，あたりを展望した時についたとか，その後記念して刻みこまれたものであるとかいわれます．近くの大戸坊付近の岩には「駒の足跡」と称するものがあるそうです．家来ならぬ大将の八幡太郎の「馬の足跡」もあります．これは，石の上についた足跡などというケチなもの

ではなく，茨城県日立市佐井北部の川尻の小貝浜と常磐海岸の間の海岸にある海食洞窟の1つです．天井部が開口し，南北にやや長く，東西に短い周囲約150mの長円形をなし，深さ28mの潮吹き穴となっています．洞窟自体は，幅約5m，高さ約3mの半円形の入口を通じて外洋に連なっているため，内部まで波が侵入し，外側と内側の双方から浸食されています．洞窟の下底は満潮時に水没し，干潮時に花崗岩類起源の石英・長石に富んだ中〜粗粒砂が現れます．

長野県下各地にもあり，なかなかいわれが凝っています．高井郡科野村赤岩の林の中にある石は，子馬の足跡が一杯についているので「子馬の蹄石」とも呼ばれています．下高井郡夜間瀬村横倉のお宮前の小川にかかる石橋には，日露戦争の時に八幡様が馬に乗ってお出でになった時つけた馬蹄の跡があるそうです．同じく下高井郡平隠村上條には，昔，戦いがあった時あまり馬を走らせすぎたため，馬がつまづいてつけた馬蹄の跡を残した石があるといいます．

愛知県下にも各地にあります．渥美郡二川町大岩の西方の火打坂の中途にあったという岩は，駒の爪型が印されていたそうですが，明治13（1880）年の新道工事の際に砕いてしまって今はないそうです．同じく渥美郡福江町大字高木の金毘羅山にある岩は，大昔，浅間様が空を馬に乗ってやって来て，この岩に降りた時についた四つの駒の爪型の凹みがあるといいます．その横にさらに草履型の凹みと1つの小穴があるのは，浅間様の従者が杖をついて草履で立った跡だというのです．芸が細かいですね．額田郡山中村大字山綱にある牛岩の瀧の上流にある巨岩には，大昔神様が葦毛の駒に乗って天よりこの岩上に立った時の蹄跡が二，三残っているといいます．付近の人々はこの神の忌避にふれ厄があるとして葦毛の駒を飼わなかったそうです．ちなみに葦毛というのは，馬の白毛に黒・茶色などの毛が混ざっているものをいいます．

「馬の背を分ける大雨」という言い回しがあります．馬の背の片側に雨が降り，他の側には降らないという意から，夕立などがある場所には降り，少し離れた他の場所には降らない例え，つまりたいへん局地的な降雨をいいます．このように馬の背の形状は，私たちになじみが多く，地質学的にも褶曲の背斜構造を説明するのに馬の背状などということがあります．もちろん石の世界にも「馬の背

岩」はあります．愛知県鳳来町，JR飯田線湯谷駅近傍の湯谷温泉付近の豊川支流の宇連川(うれがわ)沿いの峡谷にあり，国の指定名勝天然記念物となっています．川の中心を南北方向に連なるほぼ垂直な岩脈で，長さ約 122 m，幅は最大 6.3 m，最小 2.5 m で，川底からの高さは約 2 m です．付近に分布する約 1500 万年前の中新世の設楽層群の比較的軟質な流紋岩質凝灰岩に後から貫入した（後に珪化した）硬質の変質安山岩岩脈が浸食されてできたもので，岩脈を背骨に見立てて「馬の背岩（石）」と呼んでいるのです．

　神奈川県三浦半島の南端に位置する城ヶ島は周囲長約 4 km，面積 0.99 km² で，東西幅約 1.8 km，南北幅約 0.6 km と東西に細長い菱形の神奈川県最大の自然島です．新第三紀中期中新世の三浦層群に属する三崎層が西海岸に，同じく三浦層群に属する初声層(はっせ)が東海岸に分布しています．おもに泥岩砂岩礫岩層と凝灰岩質層からなっており，浸食に対する強さの違いからさまざまな浸食地形を作っています．トンネル上に洞窟が形成され，その天井部分を馬の背に見立てたものが次頁写真の「馬の背洞門」です．大正 12（1923）年の関東地震以前は洞門下を小船で通航できたのですが，地震による隆起で陸化してしまいました．

　鬣(たてがみ)の生えた馬の長い首も特徴的なシルエットをもっており，石の世界にも反映されています．福岡県久留米市朝倉郡宝珠山村の耶馬日田英彦山(やばひたひこさん)国定公園に属する英彦山南麓の岩屋公園内には県の天然記念物である「岩屋の奇岩」と称される大小の奇岩があり，そのうちの 1 つに「馬の首根岩」があります．この地域は鮮新世の英彦山火山岩類に属する輝石安山岩溶岩や凝灰角礫岩などからなっています．

　すでに紹介した岩手県の猊鼻渓左岸にある「馬鬣岩(ばりょういわ)」は，岩の稜線が馬の首状を呈し，そこに連なる松の木々が鬣のように見えることからの命名です．岩と木の合わせ技一本というところです．

　牛が石に化したという石化伝説の類も各地にあります．有名な福島県会津若松のおみやげの 1 つである張子の「赤ベコ」には次のいわれがあります．大同 2（807）年に徳一大師が会津若松西方の柳津に虚空蔵堂を建立したとき，黙々と資材を運搬していた一頭の赤牛が，完成した夜に忽然と石に変じて永遠に御仏に

馬の背岩（石）｜愛知県鳳来町の宇連川沿いの峡谷にあり，川の中心を南北方向に連なるほぼ垂直で長さ約122 m，最大幅は6.3 mの岩脈で，中新世の設楽層群の流紋岩質凝灰岩に後から貫入した硬質の変質安山岩岩脈です．[E] 👟JR飯田線「湯谷」駅下車．門谷から徒歩30分．

馬の背洞門（上・右）｜神奈川県三浦市城ヶ島に分布する新第三紀中期中新世の三浦層群に属する泥岩砂岩礫岩層と凝灰岩質層からなっており，浸食に対する強さの違いからできた浸食地形．[Y] 👟京浜急行久里浜線「三崎口」駅からバスで約30分．

牛や馬にちなむ石

馬鬣岩｜岩手県の猊鼻渓にあり、古生代石灰岩からなっています。松の木々が馬のたてがみを表しています。[K]
JR大船渡線「猊鼻渓」駅から徒歩5分。

お仕えすることを願ったというのです．これを聞いた藩主の蒲生氏郷が京から職人を呼んで作らせたのが「赤ベコ」だそうです．福島県では他にも，伊達郡で寺を造営する時，木材を運んだ牛が化したものだという「牛岩」があるそうです．宮城県塩釜市に伝わる話では，天照大神の頃，道奥別大根命(みちおくのくにわけむつねのみこと)は塩釜の地を開墾するとともに製塩をして人々の住む礎を築き，塩土神・塩釜神として千賀浦に祭られました．海水を運んだ牛はのちに塩釜神社の北で「神牛石」と化し牛石明神として祭られました．長野県東筑摩郡の「牛石」は，その昔，中国から大般若経を背負ってきた牛が倒れ石に化したもので，以前はこの上に地蔵様が祀られてあったといいます．牛もいろいろな物を運ばされて，あげくの果てに石になってしまうのではたいへんです．

もちろん荷物だけでなく，神様や人も運びます．長野県小県郡(ちいさがた)武石村(たけし)沖区鳥羽にあるという「牛岩」は，言い伝えによると長さ四尺五寸，高さ二尺四寸，厚さ一尺六寸の大岩で，その形状が臥した牛に似ていることから命名されました．昔，牛に乗ってここにやって来た神様が笹を焼いて田圃を開いたので村人は笹焼明神と崇め，後にその牛が死んで石になったものだといいます．道の真ん中にあったのでみな避けて通っていたそうですが，ある時，尾部にあたる部分を欠い

196

第9章　人類の良き友——ペットや家畜

たら白い液が流れ出し，以来流行病は下流側にのみ広がり，上流側には伝染しなかったといいます．この道が県道となってからは，「牛石」は東側に移され土用の丑の日に祀られているそうです．このあたりは中新世の海底火山の噴出物からなるいわゆるグリーンタフ（緑色凝灰岩）の分布地ですが，この岩が火山岩なのかその中に貫入してきた岩脈なのかは不明です．同じく，長野県小県郡川西村室賀から更級郡六ケ郷に抜ける道の峠にあったという「牛石」も形が牛に似た石です．昔，氷澤大権現が乗ってきた牛が石になったと言い伝えられています．この「牛石」が田圃の作物を荒らすことがあり，その鼻の部分に縄を通して繋いだことがあるといいます．付近の地質からみると，新第三紀中新世の泥岩に貫入した玢岩の岩脈が浸食に抗して残った岩塊ではないかと思われます．群馬県佐波郡の「牛石」は義経伝説にからむもので，義経が東下りの時乗ってきた牛が死んで石と化したものだといいます．

単に姿形が似ているだけでなく，雨乞いに関して御利益のある「牛岩（石）」もあります．愛知県額田郡の「牛岩」は，山奥の滝にある雨乞いに関連する巨岩で，旱魃の時にこの滝壺の水を汲み出し，「牛岩」に鼻綱を通して滝の両側にある大きな松の木に結び，この石の背を洗って祈ると大雨が降るといいます．佐賀県西松浦郡にある「牛石」は，酒で洗うと雨が降るといいます．

このほか，静岡県磐田郡（旧）敷地村牛ケ鼻にある十間×五間の大きさで牛の寝姿に似た「牛岩」は，岩の面に「世をうしのはな見車に法のみち　ひかれてここに廻りにけり」という歌が刻んであるといい，これは空海が空中に座していて筆を投げたらこの書ができたと言い伝えられています．大阪府交野市倉治には織女姫を祀る機物神社があり，近くの香里団地内の中山観音寺跡に牽牛星と伝えられる巨石があり，「牛石」とも呼ばれています．奈良県大台ケ原高原にある臥牛状の岩塊は，里人に仇なす魔物を封じ込めたという伝説があるそうです．

一方，馬が石に化したといういわれのある石もあります．たとえば，徳島県徳島市芝生町の水田の中にある小さな岩山を旗山といいます．寿永4（1185）年2月17日，源義経が平家追討のため風雨をついてわずか150騎あまりで小松島港の赤石（一説には徳島市八万町）に上陸してこの山に布陣し，戦意高揚のため

源氏の白旗を掲げたとういういわれにちなんでいます.ここに,宇治川の戦いに先陣を争った名馬「池月(生食)」が倒れて石に化した「天馬石」があるそうです.一方,徳島県小松島市には,敗れた「磨墨」が悔しさのあまり石に化したという「天満石」もあるそうです.このほか,北海道の江差町の沖合にある鷗島にもやはり鮮新世の岩石が(ただし,こちらは砂岩や礫岩などの堆積岩と凝灰岩や火砕岩からなりますが),同様に差別浸食を受けた奇勝・奇岩の中に「馬岩」と称するものがあります(加藤・遠藤,1999).

次に,牛や馬そのものよりもそれらにちなむ石を紹介しましょう.まずは,「牛繋ぎ石」「馬繋ぎ石」です.岩手県JR盛岡駅からバスで雫石川に沿い,国道46号線を西進すること約35分で,盛岡の奥座敷ともいわれる繋温泉につきます.かの宮澤賢治の父もしばしば湯治に利用し,賢治にも馴染み深い場所です.詩「小岩井農場パート一」には「汽車からおりたひとたちは さつきたくさんあつたのだが みんな丘かげの茶褐部落や 繋あたりへ往くらしい」と歌われています.前九年の役(1051-62)の時,阿倍貞任と戦った源頼義と義家が,その本陣を繋の湯館山に置いた折にこの温泉を発見したといいます.単純硫化水素泉です.愛馬の傷をこの温泉で洗うと快癒したそうです.それから義家が,入浴する時に愛馬を繋いだ(繋温泉の命名の由来)という穴の開いた石である「繋石」が残っています.あたりに分布する新第三紀の流紋岩質凝灰角礫岩です.横約1.5m,高さ約1m,幅約1mの岩塊に径5cmほどの穴が開いています.秋田県角館町(2005年に田沢湖町,西木村と合併し,仙北市となった)の観光スポットとして人気のある武家屋敷にも「馬つなぎ石」が保存されています(次頁写真).近くにある石を取ってきて穴を開け,分銅状に加工したものでしょう.長野県小県郡地方でも,石塊を秤の分銅の形に成形してそれに紐を結ぶ穴を大きく開けておいた「馬繋ぎ石」が各地に残っています.

長野県北部から姫川沿いに新潟県糸魚川に通じる南北の千国街道は,交易路でしたが,別名「塩の道」として有名です.その白馬付近に内陸部の信州に日本海側から塩を運んだ牛を繋いでいたという岩があり「牛繋ぎ石」と称されています.これは,第三紀中新世の海底火山の噴出物である火山角礫岩や凝灰岩の岩塊

繋石｜前九年の役の頃，源義家が入浴する時に愛馬を繋いだという横約 1.5 m，高さ約 1 m，幅約 1 m の岩塊で径 5 cm ほどの穴が開いています．あたりに分布する新第三紀の流紋岩質凝灰角礫岩からなっています．[K]　JR 東北本線「盛岡」駅からバスで西進すること約 35 分の繋温泉内．

馬つなぎ石｜秋田県角館町の武家屋敷前に置かれており，付近に分布する安山岩質火山岩を削り出したものです．[K]　JR 秋田新幹線「角館」駅から徒歩 15 分．

牛や馬にちなむ石

牛つなぎ石｜永禄11（1568）年1月12日，本町と伊勢町との辻角に建っていたといいます．越後の上杉謙信が甲斐の武田信玄に塩を送った際に牛車がここにたどり着いたとも．[K] 🚶 JR中央本線「松本」駅から徒歩約5分．

馬の塩舐め石｜長野県小県郡東部町の海野宿に置かれており，付近に分布する第四紀の輝石安山岩を削り出したものです．[K] 🚶 JR信越本線（長野新幹線）「上田」駅よりしなの鉄道に乗り換え「田中」駅下車，徒歩約10分．

です．いわゆる「グリーンタフ」（緑色凝灰岩）です．このほか県内各地にあり，たとえば松本市内本町通りの中ほどにも注連飾りをかけられた「牛つなぎ石」が保存されています．

さらに，馬にちなむ石の紹介を続けましょう．長野県地域に「馬のかいば石」もあります．長さ一尺五寸ほど，幅四尺ほど，高さ一尺五寸ほどの石の中央部を長方形に掘り，底の一隅に穴を開けておいて用いたものです．石はそのあたりに産出するものが多く，たいてい安山岩です．

すでに紹介した長野県軽井沢北東方に位置する小県郡東部町の海野宿は，寛永2（1625）年に北国街道の宿駅として開設されました．日本の道百選にも選ばれている北国街道は中山道と北陸道を結び，佐渡で採掘された金の江戸への輸送や参勤交代，さらに善光寺への参詣路として重要だった街道です．小林一茶の句に「夕過ぎの　臼の谺の　寒さかな」とあるのは海野宿で詠まれたものです．明治時代以降も養蚕の町として活況を呈しました．したがって，この街道は荷を運

ぶ馬がしきりに往来していたわけです．汗もかいたことでしょう．馬方にとって内陸部における塩の補給は重要な関心事でした．海野宿通りの西寄りに「馬の塩舐め石」が置かれています．岩石そのものは別に珍しくもない第四紀の輝石安山岩で，付近に分布するものです．

　さて，身近な動物として犬猫牛馬はこれからも人の良き友として普段の生活のみならず，石の世界でも良き伴侶としての関係を続けていってくれることを願って，今回の石の旅をひとまずお開きということにいたしましょう．

付録1：地質年代区分（地球と生物の歴史）

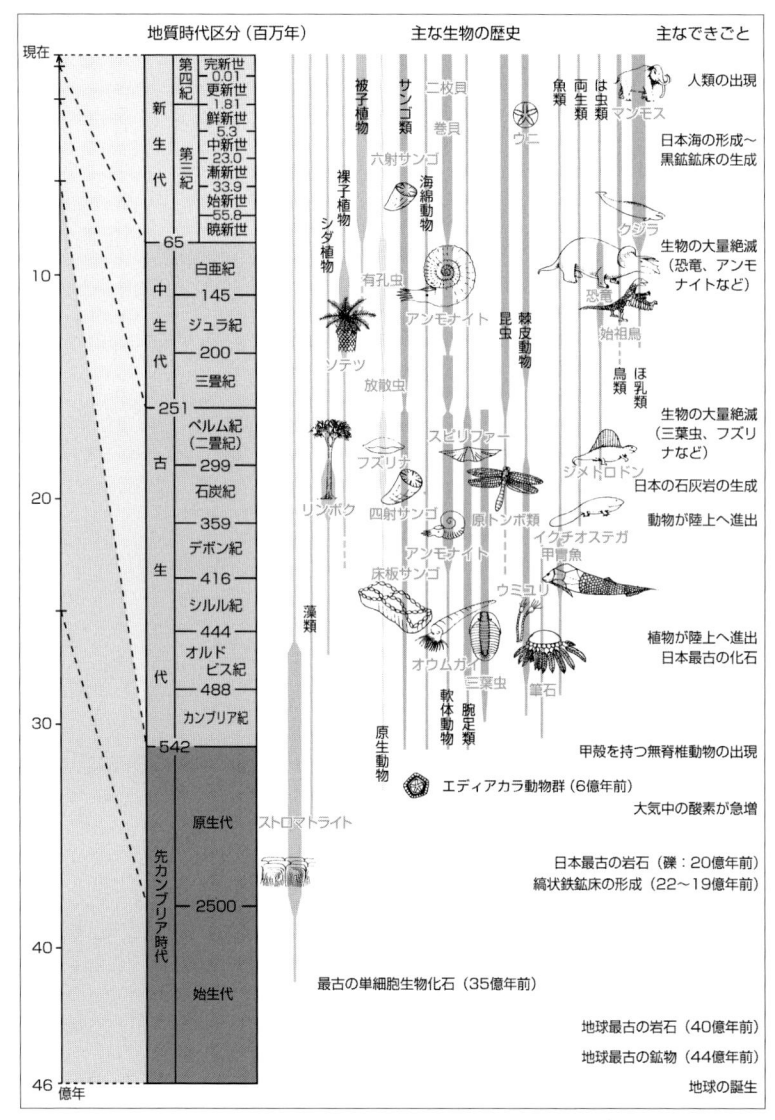

(産総研　地質標本館パンフレットより)

付録2：日本列島の地質構造

　地球の表面は，厚さ数 km 〜数 10 km 程度のプレートにより区分され，これらが相互に移動して様々な地質現象や地殻変動を生じています。

　日本列島は中新世の初〜中頃にアジア大陸から離れて，東北日本が反時計回りに，西南日本が時計回りに移動して，日本海を形成しつつ現在の位置に達しました。当時の海底火山活動でできたものがグリーンタフ（緑色凝灰岩）です。

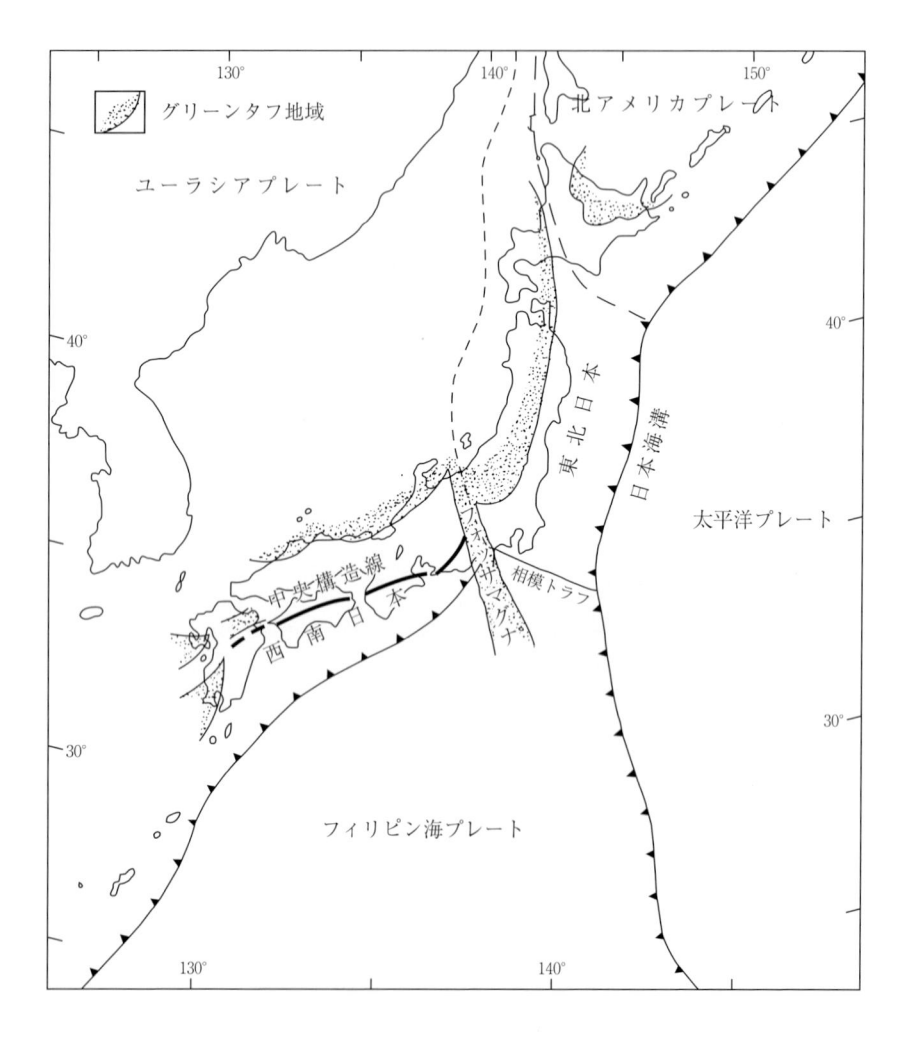

付録3：岩石の分類

岩石は三種類

地球は岩石からできています．岩石にはさまざまな種類がありますが，それらは大きく次の3つに分けることができます．

岩石	火成岩	地球の内部にあった高温のマグマが，地下や地表で冷えて固まってできた岩石
	堆積岩	地表の岩石が削られて細かくなり，河川により運ばれ，海や湖にたまってできた岩石
	変成岩	火成岩や堆積岩が，マグマに熱せられたり，地下深くで熱や圧力を受けて変化した岩石

これらの中で，量的に圧倒的に多いのは火成岩です．深さ20 kmまでの範囲では，ほぼ95%が火成岩だといわれています．

●火成岩は鉱物の大きさで分類

火成岩は含まれる鉱物の大きさによって2つに分類されます．

火成岩	深成岩	比較的粗粒で，個々の結晶が肉眼で識別できる岩石 ゆっくり冷えて形成されたと考えられる
	火山岩	比較的細粒で，個々の結晶が肉眼で識別できない岩石 急速に冷えて形成されたと考えられる

1つの岩石の中の鉱物の大きさがさまざまである場合は，小さいほうの鉱物の大きさで判断します．

●堆積岩は構成粒子の起源で分類

堆積岩は，含まれる粒子の起源や運搬方法で次の3つに分類します．

堆積岩	砕せつ岩	風化や侵食によってできた粒子（礫，砂，泥など）が固結したもの．構成粒子の大きさによりさらに細分します	礫岩，砂岩，泥岩
	生物岩	サンゴなどの生物の遺骸や生理作用の結果として生じた有機物が固結したもの	石灰岩，チャート
	化学岩	化学的な反応過程によって水溶液などから沈殿したもの	石膏，岩塩

●変成岩の分類は複雑

変成岩は，変成する前の岩石（原岩）の特徴と，そのあとに受けた変成作用による特徴を合わせて持っているため分類が複雑です．原岩によらず組織だけで名前がつけられる場合（片岩，片麻岩）と，変成作用のタイプ，変成の程度，原岩を組み合わせて個別の名前をつける場合があります．

	変成作用のタイプ	原岩	低 ← 変成度 → 高				
変成岩	広域変成作用	泥質岩	千枚岩	黒色片岩	雲母片岩	黒雲母片麻岩	
		砂質岩			珪質片岩		
		石灰岩	大理石				
		苦鉄質岩	緑色片岩	角閃石片岩・角閃岩	角閃岩	グラニュライト	
	接触変成作用	泥質岩・砂質岩	ホルンフェルス				
		石灰岩	大理石				
		苦鉄質岩		角閃石ホルンフェルス	輝石ホルンフェルス		
	動力変成作用	各種の岩石	マイロナイト				

変成岩の実用的分類．東北建設協会（2006）による．

火成岩の細分

火成岩の分類は，現在は国際地質科学連合（IUGS）による分類が使われています．

● 深成岩の細分

深成岩は鉱物の量比（これを鉱物モード組成といいます）によってさらに分類されます．通常の深成岩は石英と，アルカリ長石と斜長石の割合で名前を決めます．

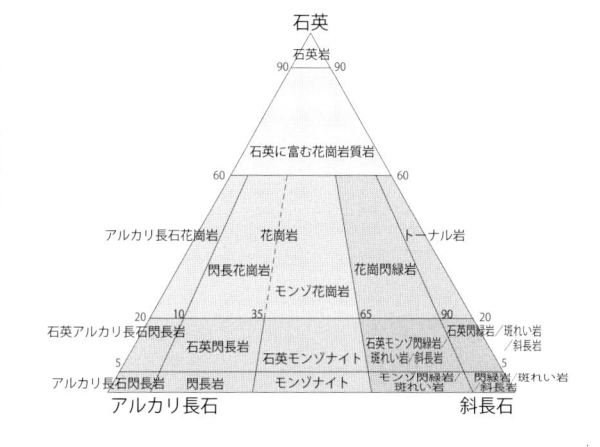

● 火山岩の細分

火山岩も深成岩と同じように鉱物モード組成で分類できますが，火山岩は鉱物が小さいので，1つ1つの鉱物の種類を決めるのが大変な場合があり，厳密に分類する場合は化学組成によって分類するのが一般的です．

右の図では横軸に SiO_2（シリカといいます）含有量をとっています．一般的には，SiO_2 含有量が多くなるほど岩石は白っぽく見えるようになります．

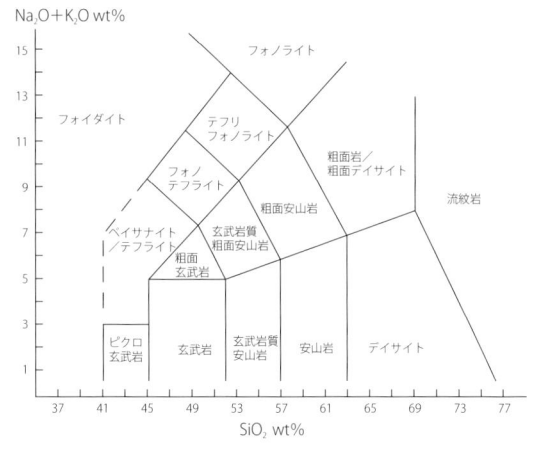

岩石の分類

● 造岩鉱物

無色鉱物	ケイ酸塩鉱物（シリカ鉱物）	代表的鉱物：石英
	長石族	代表的鉱物：斜長石，カリ長石
	準長石族	日本にはほとんど産出しません
有色鉱物	雲母族	代表的鉱物：黒雲母
	角閃石族	代表的鉱物：普通角閃石
	輝石族	代表的鉱物：単斜輝石，斜方輝石
	かんらん石族	代表的鉱物：かんらん石

　岩石を構成する鉱物を造岩鉱物といいます．自然界に存在する鉱物は2000種を超えるといわれていますが，ほとんどの岩石を構成する主要な鉱物群（族）は7種類にすぎません．
　無色鉱物は SiO_2 含有量が多く，有色鉱物は SiO_2 含有量が少ない傾向があります．無色鉱物が多く，白っぽい火山岩の SiO_2 含有量が多いのはこのためです．

［産業技術総合研究所地質調査総合センター西岡芳晴氏作成，GSJオープンファイルから引用］

付録4：用語集

火砕岩 | 火山灰や火山弾など火山活動によって放出された火山砕屑物が固結して生じた岩石．

完晶質石基 | 斑晶（火成岩中でめだって大きく見える結晶）の間を埋めている基質部分（石基）が全部微細な結晶からなっているもの．

岩石・岩 | 鉱物の集合体．花崗岩，安山岩，玄武岩，砂岩，片麻岩などさまざまな成因・性質の岩石がある．やっかいなことに，これらの岩石が石材として用いられると石と称される．御影石，大理石など．岩石の「酸性」というのはマグマ起源の火成岩のうち珪酸分が多いことを意味し，そのマグマの粘性が高く流れにくいことを示す．「塩基性」はその逆．また，地下の比較的浅いところでできるのが火山岩で，火山活動に伴って地表にも出てくることがある．一方，深成岩は地下深いところでゆっくりと冷却して大粒の結晶を晶出しながら形成された岩石で，典型的な酸性深成岩が花崗岩．地質年代の区分は，付録1を参照．

凝灰角礫岩 | 直径32 mm以上の火山岩塊と多量の火山灰の基質からなる火砕岩．

輝緑岩 | さまざまな意味があるが，日本では領家帯などで花崗岩化作用を受けた細粒の緑色岩に対して広く用いる．

鉱物・石 | 鉱物は，科学的には地殻中に存在する物理的化学的に均一で一定の性質をもつ固体物質ということになるが，これを石と称することも多い．輝石，長石，かんらん石など．また，相対的に小さい岩塊を石ということもある．「さざれ石」や「礫」のたぐいを石と称することがある．

コールドロン | 主にカルデラおよび火山性陥没地形をいう．

三波川結晶片岩 | 中央構造線と称される大断層の南側に分布する中生代の広域変成岩で，源岩は3億年前くらいの古生代後期の岩石に属する．鉱物が一定方向に並んだことによる片理を有し，かなり再結晶が進んでいるので，薄く平滑に割れる性質が

ある.

四万十帯 | 地質区の1つで，西南日本外帯の秩父累帯の南側をいう．個々に分布する地層を四万十累層群と呼び，北側のより古い白亜系の分布する北帯とより新しい第三系が分布する南帯に区分される．

晶質石灰岩 | 熱変成された石灰岩の一般名称で，石材としては大理石と呼ばれる．

節理 | 岩石中に発達する割れ目の1種で，面に沿うずれがないもの（ずれがあるのが断層）．

閃緑岩 | 有色鉱物（角閃石が普通）を主成分とする完晶質（全部結晶からなる）粗粒の深成岩．

堆積盆地 | ある期間（最長だと数千万年間）沈降し，厚い地層を堆積する区域．

単斜晶系 | 7つの結晶系の1つ．3本の結晶軸の軸角のうち1つが直角でないもの．

中央構造線 | 地質学的に西南日本を北側（日本海側）の内帯（領家帯）と南側（太平洋側）の外帯（三波川帯）に分ける大断層で，九州から四国を通って紀伊半島を横断し，さらに中部・関東地方に続く．これは淡路島の南端をかすめていくので，沼島は外帯に属し三波川結晶片岩からなっていて，内帯の淡路島は領家帯の花崗岩．

中心噴火 | 火山体の中央にある火口から起こる噴火．

デイサイト | 化学組成上，花崗閃緑岩やトーナル岩に対応する珪酸分に富んだ火山岩．古くは石英安山岩とも呼ばれた．

トーナル岩 | 石英，斜長石，黒雲母あるいは角閃石を主成分とする完晶質粗粒の深成岩．石英閃緑岩ともいわれる．

部分溶融 | 高温の岩石で液と結晶が共存する状態となる現象．

はんれい（斑糲）岩 | 珪酸分の乏しい完晶質粗粒の火成岩．単斜輝石が多い．

玢岩（ひんがん） | 斑状組織をもつ閃緑岩組成の半深成岩．斑岩とほぼ同義．

プロピライト | 熱水変質した安山岩．

放散進化 | 適応放散ともいう．同一類の生物が，種々の環境条件に適応し，いろいろな系統に分岐していく現象．

ポットホール（甌穴（おうけつ）） | 川底や河岸の硬い岩面で小石がくぼみを削り込んでできたもの．

ホルンフェルス | 接触変成岩の代表で，泥岩質の源岩がマグマの貫入による熱を受けて変成したもの．

模式地 ｜ ここでは地層を区分して命名する際，その地層の標準として指定される露頭やルート．

溶結凝灰岩 ｜ 溶結前の構成物質が大部分火山灰からなる凝灰岩．多く，黒曜岩レンズが引き伸ばされて平行に配列している．陸域で形成されたことを示す．

ラコリス（餅盤_{へいばん}） ｜ 水平に近い地層の層理面に沿ってマグマが貫入し，上盤の地層を上方に押し上げて，そなえ餅状の岩体をなしているもの．

陸橋 ｜ 陸地間の海域が地殻変動や海水面低下によって陸化し，陸生生物が移動できるようになった地域．

陸生層 ｜ 広義には，汽水域や海域を除いた陸域で形成された堆積物（地層）．

流紋岩 ｜ 化学組成的には深成岩の花崗岩に対応する珪酸分に富んだ火山岩で，マグマの流理組織（冷却時のマグマの流動を示す）が認められる．古くは「石英粗面岩」とも称された．

参考文献

浅川欽一・大川悦生（1976）：信州の伝説（日本の伝説3），254p，角川書店．
五来　重（1988）：善光寺まいり，331p，平凡社．
五十嵐謙吉（1998）：十二支の動物たち，227p，八坂書房．
磯野直秀・内田康夫（1992）：舶来鳥獣図誌―唐蘭船持渡鳥獣之図と外国産鳥之図，143p，八坂書房．
亀井節夫・後藤仁敏・大森昌衛責任編集（1981）：脊椎動物化石（古生物学各論4），477p，築地書館．
亀井節夫編著（1991）：日本の長鼻類化石，273p，築地書館．
金子浩昌・小西正泰・佐々木清光・千葉徳爾（1992）：日本史の中の動物事典，266p，東京堂出版．
加藤碵一・遠藤祐二（1999）：石の俗称辞典―面白い雲根志の世界，312p，愛智出版．
加藤碵一（2004）：所長エッセイ（その1）谷風と石，AIST Tohoku Newsletter，No.2，p.1．
加藤碵一（2006）：宮澤賢治の地的世界，141p，愛智出版．
宮城一男（1975）：農民の地学者　宮沢賢治，211p，築地書館．
森下　晶（1979）：地史探訪―フォッサマグナの周辺，213p，日本放送出版協会．
中島路可（1999）：聖書の中の科学（ポピュラー・サイエンス202），204p，裳華房．
中村　浩（1981）：動物名の由来，240p，東京書籍．
西村康彦（1994）：天怪地奇の中国，321p，新潮社．
岡田恵美子・奥西峻介訳註（1999）：ペルシャ民俗誌（東洋文庫647），337p，平凡社．
大隅清治（1988）：クジラは昔陸を歩いていた―史上最大の動物の神秘，252p，PHP研究所．

大塚史学会編（1969）：新版郷土史辞典，647p，朝倉書店．
斎藤建夫編（1973）：ふるさとの文化遺産．郷土資料事典47 沖縄県，133p，人文社．
斎藤建夫編（1997）：ふるさとの文化遺産．郷土資料事典20 長野県，255p，人文社．
床子士郎編（1978）：愛知県地学のガイド，256p，コロナ社．
スチール，R. & A. P. ハーベイ編（1980）・小畠郁生監訳（1982）：古生物百科事典，256p，朝倉書店．
杉山　泰（1997）：石の博物誌・瀬戸「石」海道，266p，創風社出版．
田中優子（2000）：江戸百夢，167p，朝日新聞社．
友成　才（1998）：日本列島ロマンの旅―景勝・奇岩の地学探訪，215p，東洋館出版社．
津田恒之（2001）：牛と日本人，288p，東北大学出版会．
ウェザーレッド，H. N.（1937）・中野里美訳（1990）：古代へのいざない―プリニウスの博物誌，332p，雄山閣出版．
山中襄太（1976）：語源博物誌，279p，大修館書店．
柳田國男（1963）：定本柳田國男全集 第十二巻，521p，筑摩書房．

　特に本書は「地質ニュース」（実業公報社）に連載された以下の記事を元に，内容および写真を大幅に追加し，書き直ししたものです．関係者のご協力を重ねて感謝いたします．

遠藤祐二・加藤碵一（2000）：［石の俗称］五穀の石．地質ニュース，**547**：36-40．
遠藤祐二・加藤碵一（2001）：［石の俗称］菊の石．地質ニュース，**557**：59-63．
加藤碵一・遠藤祐二（2001）：［石の俗称］力石．地質ニュース，**561**：63-68．
加藤碵一・遠藤祐二（2001）：［石の俗称］亀と石．地質ニュース，**563**：61-69．
遠藤祐二・加藤碵一（2001）：［石の俗称］蛇の石．地質ニュース，**568**：62-63．
加藤碵一・遠藤祐二（2002）：［石の俗称］牛馬と石（その1）．地質ニュース，**569**：57-64．
加藤碵一・遠藤祐二（2002）：［石の俗称］牛馬と石（その2）．地質ニュース，**572**：61-68．
加藤碵一・遠藤祐二（2002）：［石の俗称］巨獣と石（その1）．地質ニュース，**580**：

57-64.

加藤碵一・遠藤祐二（2003）：［石の俗称］巨獣と石（その2）．地質ニュース，**582**：57-62.

加藤碵一・遠藤祐二（2004）：［石の俗称］ラクダと石．地質ニュース，**603**：58-66.

加藤碵一（2003）：［石の俗称］みちのく石便り（その1）．地質ニュース，**588**：61-69.

加藤碵一（2004）：［石の俗称］みちのく石便り（その2）．地質ニュース，**597**：60-67.

加藤碵一（2004）：［石の俗称］みちのく石便り（その3）．地質ニュース，**600**：53-61.

加藤碵一（2005）：［石の俗称］みちのく石便り（その4）岩手の石と岩．地質ニュース，**606**：57-67.

加藤碵一（2005）：［石の俗称］みちのく石便り（その5）．地質ニュース，**608**：49-57.

加藤碵一（2007）：［石の俗称］みちのく石便り（その6）三陸海岸浜街道を行く．地質ニュース，**631**：62-67.

あとがき

　この十数年間，私は人と関わりのある石をテーマに撮影の旅をつづけています．古来から信仰されている磐座（いわくら）や巨石，奇岩などの景勝地，そして特にアニミズム的な世界に強く魅かれています．石を巡れば巡るほど，石は人間に対してある種の意思を持って存在している，などと思えてくることがあります．特に2003年から2006年の三年間，私は日本各地の石を訪ねる旅，日本石巡礼なるものを行いました．「石の上にも3年」の諺のように，日本列島を北から南へと車で駆け巡ったのです．その旅を通して感じたことは，日本には何とも多くの石が存在している，という事実の驚きでした．日本にはさまざまな石の景観が存在しています．海岸に屹立する奇岩，怪石，森の中にひっそり佇む石，山岳霊場の巨岩，山頂に起立する巨石などです．石に出会う旅は，地域に根差す魅力的な方々との出会いの場を与えてくれるものでした．それと同時に，多くの石好きな方々とも出会えました．

　この旅の途上，地質研究者である共著者の加藤碩一氏と出会えたことは，石巡礼の中でも大きな贈り物のように感じております．加藤氏は並々ならぬ石好きな方で，専門の地質研究は元より，宮沢賢治のよき理解者として地的世界を語り，石のエッセイを書きつづけておられる方です．今回，加藤氏から日本石紀行の話を伺ったのは，ちょうど石巡礼の旅が終わりに近づいている頃でした．私は，写真家として喜んで参加させて頂いたしだいです．

　この日本石紀行は，信仰される磐座，神と仏の石，怪力乱神と関わる石，人の営みと人生に関わる石，石の動物園など，聖なるものから俗なるものまで，さまざまなコンテンツで石の世界を展開しています．また，それぞれの石には地質学

的な説明が施され，貴重な資料としての役割も充実しています．

　先史時代の人々は自然の形のままで石を使ったり，あるいは加工しながらさまざまな道具として使ってきました．建築から墓にいたるまで石の用途は幅広く，さらに，人間の生き方と深く関わりを持ち続けています．

「石は気の核なり」

　これは中国の明時代の医師・李時珍著『本草綱目』の中の鉱物の項目で最初に出てくる言葉です．石という鉱物の中に，気という目に見えないエネルギーを感じる感覚は，アジアにおいてはごく当たり前のように思えます．私が石巡礼をつづけているのは，石の中にある，まさに気のような存在を感じたいからだと思っています．この日本石紀行により，読者の方々が石の魅力を感じ，石を楽しんでもらえることを確信しております．

　さらには，石の世界を開く扉になることを願いつつ…．

2008年8月

須田郡司

都道府県別岩石名リスト

[　]内は本文の参照ページを示す．

北海道

青虎[163] ／ 親子熊岩[159] ／ 神石[25] ／ 神威岩[23,25] ／ 観音岩[105] ／ 獅子岩[105,173,174] ／ 地蔵岩[49,50] ／ 女郎（子）岩[79,87] ／ セタカムイ（犬の神様）[183,184] ／ 蛸岩（タコ岩）[105,106] ／ 虎石[163,164] ／ 猫岩[179] ／ 弁天岩[34] ／ ラクダ岩[150,151]

青森県

岩木山の石[121] ／ 恵比寿大黒島[33,35] ／ 恐山[10,11] ／ 鬼石[56] ／ 親子岩[42] ／ 女願掛け[42] ／ 亀石[120,121] ／ 願掛け岩（鍵掛岩）[40,41] ／ 岩龍岩[42] ／ 五百羅漢[41,42] ／ 鯖石[111] ／ 十三仏[42] ／ 千畳敷[177] ／ 双鶏門[42] ／ 鯛島[109,110] ／ 天狗岩[71] ／ 天龍岩[42] ／ にがこ岩[42] ／ 如来の首[42,43] ／ 一ツ仏[42,43] ／ 屏風岩[42] ／ 鳳鳴山[42] ／ 蓬莱岩[42] ／ 蓬莱山[41,42] ／ ライオン岩[178] ／ 蓮華岩[42]

岩手県

赤子石[83,84] ／ 男岩（石）（夫石，陽石）[86,87,96,100,101] ／ 鬼ヶ城[64] ／ 鬼の手形（石）[61,62] ／ 女岩（石）（妻石，陰石）[86,87,96,100,101] ／ 神石[61] ／ クラゲ岩[103] ／ 黒川の蛇岩[134] ／ 琥珀[161,162] ／ 山王岩[86,87] ／ 獅子ヶ鼻[173,174] ／ 少婦岩[88,89] ／ 太鼓岩[86,87] ／ 繋石[180,198,199] ／ 天狗の岩[71] ／ 天狗の下駄石[76] ／ 天狗の爪[75] ／ 虎石[161] ／ 虎マン[163] ／ 猫石[180,181] ／ 羽黒石[75,76] ／ 馬鬣岩[194,196] ／ 蛭石[105] ／ 打石（ぶずえいし）[75] ／ 不動岩[44-46] ／ 百足岩[107] ／ 夫婦岩（石）[7,26,28,96,97,100,101] ／ ローソク岩[6,7]

宮城県

赤松岩[177] ／ 秋保石[89,156] ／ 一双岩[177] ／ えくぼ岩[177] ／ えぼし岩[177] ／ 帯岩[177] ／ 臥牛石[190] ／ 亀石[126,127] ／ 亀島[158] ／ 亀の子岩[119] ／ 奇面巌[88,89] ／ 鯨島[158] ／ 九竜岩[177] ／ 材木岩[166] ／ 猿の手掛け石[177] ／ 獅子岩[176,177] ／ 蛇体石[139] ／ 神牛石[196] ／ 晴雨岩[177] ／ 立岩[177] ／ 谷風牛石[189-191] ／ 天柱岩[177] ／ 扉岩[177] ／ 虎岩[165] ／ 鳴子（水）石[177] ／ 野蒜石[157] ／ 羽衣岩[177] ／ 母子石[89,90] ／ 福の神岩[177] ／ 仏足石[47] ／ 弁慶岩[177] ／ 松島石[157] ／ 虫喰岩[177] ／ 夫婦岩[177]

秋田県

馬のつなぎ石［198,199］／ 御神石［26］／ 鬼ヶ城［63］／ 鬼の隠れ里［66,67］／ 鮭石［109］／ 獅子の目［171,173］／ 地蔵岩［50］／ ぶりこ石［77］

山形県

姥石（岩）［91,92,145］／ 蛙岩［108］／ 観音岩［52,145］／ 鬼面岩［58,60］／ 獅子岩［145］／ 天狗岩（天華岩）［72,73］／ 天狗の鼻汁［75］／ 虎岩［145］／ 白象岩［145］／ 蜂巣岩［145］

福島県

会津の舟石［21,22］／ 犬岩（石）［185］／ 牛岩［196］／ 女婆石［92,93］／ 鏡石［168,169］／ 亀石［118］／ きのこ岩［8］／ 亀趺［116-118］／ 護摩壇［35］／ 子持ち石［81］／ 猿跳岩［35］／ 蛇枕石［137］／ 象塔岩（巌）［146］／ 塔のへつり［145,146］／ 猫石［182］／ 離岩［35］／ 弁天岩［35］／ 見下ろし岩［35］／ 文知摺［167,168］／ 物見岩［35］／ 鷲岩［35］

茨城県

馬の足跡［192］／ 宿魂石［23］／ 竹葉石［132］

栃木県

馬の足跡［192］／ 大谷石［8,157,163］／ 駒の足跡［192］／ 佐貫観音岩［52,54］／ 大黒岩［31］／ 虎目［163］

群馬県

牛石［197］／ 御姿岩（地蔵岩）［50］／ 鬼押し出し岩［66］／ 鬼の門［66］／ 蛇骨（じゃこつ）［137］／ 石門［55］／ 大黒岩（獅子岩）［33］／ 大砲岩［55］／ 天狗岩［73,74］／ 天狗の腹切り石［76］／ 天狗の休み場［77］／ へび石［135］／ 仏岩［39］／ ラクダ山（ひょうたん山）［153］／ 竜骨［137］

埼玉県

乙女石［87］／ 小天狗岩［73］／ 大黒岩［87］／ 畳石［86］／ 秩父亀甲石［124］／ 秩父赤壁［87］／ 天狗岩［73］／ 虎岩［165,166］／ 寅御石（お寅石）［169］／ 虎目石［163］

千葉県

犬石［183］／ 鬼の洗濯板［70,71］／ 亀岩［128］／ 琥珀［161,162］／ 地獄覗き［9,10］／ 百尺観音［52］／ 薬師瑠璃光如来［50,51］

東京都

石獅子 [171, 172] ／ 鬼の風呂 [71] ／ 亀趺 [116] ／ 蛇石（じゃいし）[135]

神奈川県

生き石 [169] ／ 馬の背洞門 [194, 195] ／ 大磯の虎が石 [170] ／ 子産石 [82] ／ 天狗の爪 [76] ／ 虎御石 [169, 170] ／ 身代石 [170]

新潟県

大野亀 [129, 130] ／ オッパイ石 [84] ／ 神子石 [28] ／ 潜岩 [28] ／ 人面岩 [87-89] ／ 筍岩 [28] ／ 虎斑（板）石（上蕨石）[163] ／ 二つ亀 [130] ／ 弁天岩 [35] ／ 夫婦岩 [96]

富山県

天狗の握り飯（山姥の握り飯）[76]

石川県

お乳岩 [85] ／ 鬼岩 [58, 60] ／ 神石 [26, 27] ／ 子ぶり石 [38] ／ 獅子巌 [166, 171, 172] ／ 石仏山の磐座 [1-3] ／ 象の鼻 [147] ／ 立石 [1, 3] ／ 虎石 [166] ／ 猫石 [182] ／ 機具岩（能登二見，夫婦岩）[95, 96] ／ 竜巌 [166]

福井県

石塚神石 [30] ／ 犬石 [185] ／ 亀岩 [126] ／ 虎石 [164]

山梨県

天岩戸 [20, 22] ／ オットセイの夫婦岩 [100] ／ 覚円峰 [98] ／ 象の鼻 [146] ／ 天狗岩 [73, 98] ／ 蛤石 [106] ／ 百足石 [107] ／ ラクダ石 [152]

長野県

アカ岩（天狗様の足跡）[76] ／ 赤子岩 [84] ／ 天岩戸 [72] ／ 犬石 [185, 186] ／ 疣石 [97] ／ 牛岩（石）[188, 196, 197] ／ 牛つなぎ石 [200] ／ 馬岩 [187, 188] ／ 馬のかいば石 [202] ／ 馬の塩舐め石 [200, 201] ／ 恵比寿岩（女大黒）[31] ／ 大岩 [72] ／ 鬼石 [57, 58] ／ 鬼ヶ城 [64] ／ 鬼の門 [64] ／ 臥牛石 [189, 190] ／ 神足石 [29] ／ 神座石 [30] ／ 亀石 [124, 125, 130] ／ 亀甲岩（石）[124-126] ／ 行者の岩畳 [72] ／ 鯨石の噴水 [156, 157] ／ 鯉岩 [109] ／ 光線状泡石（曹達沸石）[136] ／ 子馬の蹄石 [193] ／ 蛇骨石 [136] ／ 蛇枕石 [138] ／ 象岩 [142] ／ 大黒岩（黒大黒）[31, 33] ／ 誕生石 [83] ／ 天狗岩（石）[33, 72, 73] ／ 天狗ザレ [77] ／ 天狗の硯岩 [72] ／ 天狗の欄干 [77] ／ 虎（が）石 [165, 170] ／ 虎御前石 [170] ／ 鳴石 [23, 24] ／ 寝覚めの床 [144, 145] ／ 屏風岩 [33]

／　蛇石［134, 136］　／　万治の石仏［37］　／　万仏岩［40］　／　御手形石（みてがたいし）［62］　／　むかで石［107］　／　夫婦岩（石）［33, 96, 97］　／　横川の蛇石［133］

岐阜県

恵那石［102］　／　男（根）岩［102］　／　鬼岩［58］　／　女（陰）岩［102］　／　琥珀［161, 162］　／　虎斑大理石［163］　／　蛤石［106］　／　蛭川石［102］　／　鮒石［109］　／　女夫岩（陰陽石）［100, 102］

静岡県

牛岩［197］　／　子生まれ石［82］　／　獅子岩［173, 175］　／　ラクダ石［152］

愛知県

赤子岩［84］　／　牛岩［197］　／　馬の背岩（石）［193, 195］　／　鬼石［59］　／　鬼の酒倉［68］　／　鬼のみそ倉［68］　／　亀岩［151］　／　子抱石［81］　／　駒の爪型［193］　／　蛇枕石［138］　／　嵩山（すせ）の蛇穴［139］　／　誕生石［83］　／　夫婦岩［151］　／　メガネ岩［151］　／　ライオン岩［151］　／　らくだ岩［151］

三重県

石神さん［26, 27］　／　伊勢青石［94, 95］　／　興玉神石［95］　／　夫岩（雄岩）［94, 95］　／　乙女岩［87］　／　鬼ヶ城［65］　／　鬼の見張り場［65］　／　子得岩（子売岩, 子起岩, 名付け岩）［83］　／　三波石（三波川結晶片岩）［94, 95］　／　獅子岩［173, 175］　／　地蔵岩［48, 49］　／　千畳敷（鬼の岩屋）［65］　／　虎石［167］　／　花の窟［16, 17］　／　婦岩（雌岩）［94, 95］　／　夫婦岩［94, 95］

滋賀県

金かけ岩［144］　／　金縛り岩［144］　／　象岩（お馬山）［144, 191］　／　虎石（霊石虎石, 太閤さんの「虎石」）［166, 167］　／　屏風岩［144］　／　マンダラ岩［144］

京都府

岩神さん［26, 27］　／　月延石（安産石）［81］　／　天狗の卵［74］

大阪府

磐船神社の巨岩［24］　／　牛石［197］　／　観音岩［54］　／　蛸石［106, 107］　／　誕生石［83］　／　虎石［167］　／　竜石［167］

兵庫県

おのころ島［i］　／　かえる岩［103］　／　神岩（清心の三角石）［28］　／　越木岩神社のご神体［4］

／　立神岩（天の御柱）［14-16］／　蛤岩［106］

奈良県

烏帽子石［23,24］／　鬼の雪隠［69］／　鬼の俎板［68］／　亀石［114,115］／　酒船石［114］／　長寿岩［92,93］

和歌山県

大亀岩［128］／　亀岩［127,128］／　小亀石［128］／　ごとびき岩［3,4］／　獅子岩［176］／　ひき岩（群）［108］／　ラクダ岩・らくだ島［151-153］

鳥取県

霰石［164］／　鬼の椀［69］／　神の御子石［28］／　雲かけ石［164］／　皇居石［23］／　佐治川石［164］／　佐治真黒石［164］／　巣立石［164］／　草履石［28,29］／　天平石［164］／　虎石［164］／　灰地石［164］／　碧譚石［164］／　紋石［164］

島根県

赤子岩［84］／　石神［13］／　烏帽子岩［69］／　鬼の舌震い［69］／　亀岩［69］／　唐音の蛇岩［134］／　小天狗岩［69］／　千畳敷岩［69］／　大天狗岩［69］／　はんど岩［69］／　普賢岩（裟裟掛岩）［48］／　船岩［69］

岡山県

犬島の犬石［184,185］／　鬼（の）石［59］／　鬼の差し上げ岩［57］／　鬼の城［57,65］／　亀石［119,120］／　子孕み石［80］／　象岩（六口島象岩）［141,143］／　楯築の亀石（龍神石、神石）［114-116］／　天狗岩［73］／　矢置岩［67,68］

広島県

陰石［102］／　陰陽石［102］／　亀の首岩［113］／　蛇喰岩（磐）［136,137］／　男根石（陽石）［102］／　不動岩［44］／　名号岩［44］／　文殊獅子岩［48］

山口県

重ね石［31,32］／　地獄台［12］

徳島県

ウナギ石［109］／　馬の足［192］／　かえる岩（被り岩）［108］／　くじら石［157,158］／　鯉釣岩［109］／　獅子岩［109］／　天馬石［198］／　天満石［198］／　普賢石［48］

香川県

鬼ヶ島［63］

愛媛県

高山仏石［38, 39］

高知県

大亀［120］／ 蛙の千匹連［109］／ 亀岩［119］／ 亀形石［129, 130］／ 鯉石［109］／ ゴジラ岩［152］／ 汐の干満岩［152］／ 虎石［165］／ 屏風岩［152］／ 夫婦亀（石）（親子亀）［100, 119］／ めがね岩［152］／ らくだ岩［151, 152］

福岡県

馬の首根岩［194］／ 男岩［98］／ 女岩［98］／ 神籠石・向後石・幸後石・香合石・革篭石・神篭石・皮篭石［3, 4］／ 子持石［81］／ 鎮懐石［81］／ 涅槃石［47］／ 夫婦岩［98, 100］

佐賀県

牛岩［197］／ 立神岩（夫婦岩）［16, 17］

長崎県

雲仙地獄［10-12］／ 鬼石［60］／ 鬼の足跡［63］／ 鬼の岩屋［65］／ 亀趺［116, 117］／ 鯖腐らし岩（鯖腐れ岩）・継石坊主［111］／ すずめ地獄［12］／ 清七地獄［12］／ 葬頭川の婆石［91］／ 太郎つぶて・次郎つぶて［63］／ 鎮懐石［81］／ 虎斑（とらふ）［163］

熊本県

鬼の岩屋［65］／ 鬼の材石［66］／ 神頭石［28］／ 虎斑石［163］／ 不動岩［44, 46］／ らくだ山［153］

大分県

烏帽子岩［152］／ 鬼の岩屋［65］／ 天狗岩［73, 152］／ 夫婦岩［97, 99］／ ラクダ岩［152］

宮崎県

天岩戸［20］／ 神犬岩（石）（いぬいわ）［184, 185］／ 鬼の窟［66］／ 鬼の洗濯板［69, 70］／ 鬼八の力石［58, 59］／ おのころ島［i, ii］／ 神石［15, 16］／ 亀石（岩）［120, 121, 184］／ 亀甲岩［130］／ すずめ岩［111, 112］／ 関之尾の甌穴［130］／ （御）乳岩［85, 186］

／　夫婦岩（陰陽石）［100, 102］／　竜岩［102］

鹿児島県

神岩［29］／　亀石［123, 124］／　立神岩［18, 19］／　天狗岩［73］／　虎ヶ石［170］／　虎斑（とらぶち）［163］

沖縄県

象の鼻［147］／　大仏御殿［47］／　立神岩（頓岩）［18, 20］／　立神岩（タチジャミ）［18, 19］／　天狗岩［74］／　なで仏［39, 40］／　ひねくれ地蔵［50, 51］／　夫振岩［98］／　みがわり観音［53］／　夫婦岩［98］

索　引

あ　行

青虎　163
アカ岩　76
赤子石（岩）　83, 84
赤松岩　177
秋保石（あきういし）　89, 157
足跡石　84, 192
アスベスト（石綿，石絨）　132, 161
アプライト　65, 98, 144
天草石　163
天草陶石　163
天の岩戸　22, 72
蕨石　164
安産石　81
安山岩　1, 10-12, 18, 19, 23, 25, 26, 33-39, 45, 50, 54, 55, 59-67, 71-73, 79, 87-91, 96, 109-115, 118-123, 134-138, 150-153, 156, 165, 173, 174, 179, 182-186, 191-195, 199-201

生き石　169
石神　13, 14, 26
石獅子　171, 172
石の乳　84
石綿（アスベスト，石絨）　132, 161
伊勢青石　94, 95
一双岩　177
犬石（岩）（神犬岩）　183-186

疣石　97
岩神　26
磐座（いわくら，磐境）　1-3, 16, 23, 34, 106
岩風呂　71
岩屋の奇岩　196
陰石　100
陰陽石　18, 93, 94, 100

牛石（岩）　187-191, 196, 197
牛繋（つな）ぎ石　198-200
鶉　111
ウナギ石　109
姥石（岩）　90-93, 145
馬
　──（の）繋（つな）ぎ石　198, 199
　──の足　192
　──の足跡　192
　──のかいば石　200
　──の首根岩　194
　──の塩舐め石　199, 201
　──の背岩（石）　193, 195
　──の背洞門　194, 195
馬岩（石）　187, 188, 191, 198
上蔭石（うわかげいし）　163

えくぼ岩　177
恵那石　102
恵比寿（須）岩　31
恵比寿大黒島　33, 35
烏帽子岩（岩）　23, 24, 69, 152, 177
塩基性岩　18
塩基性片岩　14

燕子石（蝙蝠石）　111

男岩（石）　86, 87, 94-102
夫岩（石）（雄岩）　94-96
甌穴（ポットホール）　20, 130, 136, 137, 144
黄鉱　171, 173
黄鉄鉱　124
大亀（岩）　100, 120, 128
大野亀　129, 130
大谷石　8, 157, 163
御神石　25
男神岩　26, 28
興玉神石（沖の石）　95
御姿岩　50
恐山　10, 11
オットセイの夫婦岩　100
オッパイ石　84
乙女石（岩）　87
女婆石（おなばいし）　92, 93
鬼　56-71
　──の足跡（石）　61, 63
　──（の）石（岩）　56-61
　──の岩屋（鬼の窟）　65, 66
　──の隠れ里　66, 67
　──の材石　66
　──の酒倉　68
　──の差し上げ岩　57
　──の舌震い　69
　──の雪隠　69
　──の洗濯板　69, 70
　──の手（鬼の手形（石））　61-63
　──の風呂　71
　──の俎板　68, 69
　──の味噌倉　68

227

索　引

――の見張り場　65
――の門　64-77
――の椀　69
鬼押し出し岩　66
鬼ヶ島　63
鬼ガ城（鬼ヶ城，鬼の城）　57, 63-65
鬼八の力石　58, 59
おのごろ（おのころ）島　i, ii
オパール　77
帯岩　177
親子岩　42, 89, 94
親子亀　100, 119
親子熊岩　159
女岩（石）　86, 87, 94-102
女願掛け　42
女大黒　31

か行

海食崖　65
海食台（棚）（波食台）　65, 70, 71
海食洞　65, 86
外帯　14, 71
かえる（蛙）岩　103, 107, 108
蛙の千匹連　109
鏡石　16, 168, 169
鍵掛岩　40
臥牛石　189, 190
覚円峰　98
角閃石（岩）　5, 39, 73, 75, 98, 120, 122, 125, 127, 183, 184
花崗（質）岩　3-7, 14, 20, 22, 26, 28, 35, 44-48, 53, 57, 58, 61-65, 69, 75, 76, 92, 93, 98-101, 105-107, 114, 115, 120, 125, 127, 136-145, 152, 164, 168, 181, 184, 190-193
花崗閃緑岩　28, 29, 69, 73, 75, 86, 98-101, 125, 129, 168
花崗斑岩　142, 175
火砕岩　25, 26, 60, 64, 71, 88, 89, 96, 103, 108, 138, 152, 154, 183, 184, 198
火砕流　18, 21, 72, 117
重ね石　31, 32
火山　10, 20, 33, 63, 71, 72, 96, 105, 117, 118, 152, 153, 156, 164, 171, 176, 182, 187
火山角礫岩　109-111, 152
火山岩　5, 11, 14, 21, 33, 58, 105, 124, 152, 153, 157, 164, 175, 179, 199
火山砕砕岩（物）　ii, 6, 8, 18, 19, 33, 55, 68, 93, 102, 137, 157, 159, 164, 173-178
火山灰　33
火山豆石　72
火成岩　i, 45, 74, 94, 124, 126, 131, 154, 157
化石　30, 32, 36, 76, 104-107, 111, 113, 120, 134-144, 156, 157, 161, 187
褐鉄鉱　76, 163
金かけ岩　144
金縛り岩　144
カナリヤ　113
被り岩　108
神足石　29
神石（岩）　15, 16, 23-30, 61, 115
神犬岩（犬石（岩））　183-186
神子岩　28
神頭岩　28
神座石　30
神様石　29
上立神岩　14-16
神の御子石　28
神威岩　23, 25
亀岩（石）　69, 114-116, 118-128, 130, 151, 184
亀形石　128-130
亀島　158
亀の首岩　113
亀の子岩　119
鴎岩　111
カリ長石　126
軽石　33, 39, 176
軽石（質）凝灰岩　8, 60, 72, 73, 88, 89, 93, 157, 158
カルデラ　93, 108, 145, 146, 153, 156, 176, 182, 185
願掛け岩　40, 41
カンカン石　125
岩床　125, 129-133
岩屑流　11
観音岩（石）　51-54, 105, 114, 145
寒風石　66
岩脈　19, 33, 133-135, 153, 154
カンラン石（岩）　28, 35, 67, 75, 131, 136, 146
岩龍岩　42

輝岩　75, 94, 95
輝石　26, 33, 39, 40, 55, 67, 73, 74, 94, 118-122, 125, 131, 136, 156, 165, 182, 191, 194, 200, 201
亀甲岩（石）　124-126
絹雲母　163, 192
きのこ岩　8
亀跌　116-118
鬼面岩　58-60
奇面巖　88, 89
凝灰角礫岩　8, 23, 25, 34, 35, 40-43, 49, 50, 64, 66, 77, 79, 87, 103, 146, 150, 157, 164, 180, 181, 187, 188, 194, 198, 199
凝灰岩　8, 28, 33, 40-43, 58, 66-72, 103, 109, 110, 117, 128, 145-159, 163,

165, 175, 185-188, 194, 195, 198
行者の岩畳　72
玉髄　48, 165
玉滴石　77
亀卵石　113
輝緑岩　153
輝緑凝灰岩　75
菫青石　164

潜岩　28
鯨石（岩）　156-158
鯨島　158
首石　100
雲かけ石　164
クラゲ岩　104
九竜岩　177
グリーンタフ（緑色凝灰岩）
　　18, 40, 96, 171, 177, 197, 200
黒雲母　5, 49, 58, 73, 98, 105, 106, 125, 127, 141-145, 152, 168, 178
黒雲母片岩　165
黒鉱　171, 173
黒大黒　31, 58

珪岩　87
珪藻土　38
袈裟掛岩　48
結界石　31, 32
結核（コンクリーション，団塊，ノジュール）38, 76, 82-85, 124, 125
頁岩　18, 106, 164
結晶片岩　94, 163, 165, 192
玄武岩　16-19, 28, 33, 35, 49, 50, 63, 66, 71, 125, 126, 129, 146, 150, 154, 264, 183, 184

鯉岩（石）　109
鯉釣岩　109
広域変成岩　14

鋼玉（コランダム）　165
神籠石（神篭岩，向後石，幸後岩，香合岩，皮篭岩，革篭岩）2-5
皇居石　23
光線状泡石　136
子馬の蹄　193
子産石（子生まれ石）　82
蝙蝠石（燕子石）　111
子得岩（こうるいわ，子売岩）83
紅簾石　87
紅簾（石）片岩　87
子起岩　83
子亀岩　128
黒色片岩　86
腰掛け石　30
ゴジラ岩　152
御神体石　114, 115
子抱石　81
古銅輝石安山岩（サヌカイト）125
ごとびき岩　3, 4
琥珀　161, 162
子孕み石　80
五百羅漢　41-43
子ぶり石　38
護摩壇　35
駒の爪石（跡）　192
子持（ち）石　81
コランダム（鋼玉）　165
コンクリーション（結核，団塊，ノジュール）38, 76, 82-85, 124, 125

さ 行

材木岩　166
酒船石　114
砂岩　17, 18, 31, 50, 68, 70, 74, 82-85, 90, 106-109, 112, 114, 120, 121, 125-128, 147, 151, 152, 159, 164, 167, 176, 184, 185,

198
砂岩頁岩互層　18, 20, 107
砂岩泥岩互層（シルト岩砂岩互層）10, 35, 63, 70, 84, 86, 108, 127, 147, 152, 154, 176
鮭石　111
差し石　58
佐治川石　164
佐治真黒石　164
砂鉄　173
サヌカイト（古銅輝石安山岩）125
鯖石　111
鯖腐らし岩（鯖腐れ岩）　111
猿跳岩　35
猿の手掛け石　177
三角貝（トリゴニア）　30
三郡変成岩　164
山王岩　86, 87
三波川結晶片岩　14, 15, 94
三波石　94
三葉虫　111

汐の干満岩　152
地獄　8, 10, 12
地獄覗き　9, 10
獅子岩（巌）　33, 105, 109, 145, 166, 171-177
獅子ケ鼻　173, 174
獅子の目　171, 173
地震　71
地蔵岩　10, 49, 50
磁鉄鉱　166
蛇穴　139
蛇石（岩）→へびいし
蛇喰岩　136, 137
蛇骨　137
蛇骨石　136
蛇体岩　139
斜長石　40, 106
蛇枕石　137, 138
蛇紋岩　75, 131, 132
蛇紋石　131, 132

集塊岩　40, 49, 50, 152
褶曲　10, 163, 165, 193
十三仏　40-44
宿塊石　23
松脂岩　68
晶質石灰岩（大理石）　111, 116, 117, 163
小天狗岩　69, 72
鍾乳石　39, 40, 71, 104, 128
鍾乳洞　40, 71, 97, 104, 138
少婦岩　88, 89
女郎（子）岩　79, 87
シルト岩　32, 93
シルト岩砂岩互層（砂岩泥岩互層）　9, 35, 63, 70, 84, 86, 108, 127, 146, 152, 154, 176
次郎つぶて　63
神牛石　196
深成岩　61, 75, 86, 101, 106, 125
人面岩　87, 88

水晶　21
水石　164
すずめ岩　111, 112
巣立ち石　164
スティルプノメレン片岩　165, 166
スレート（粘板岩）　68, 89, 132, 133, 150

晴雨岩　177
清心の三角石　29
石英　21, 48, 106, 132, 144, 164, 165, 193
石英安山岩→デイサイト
石英閃緑岩　74, 75, 101, 126, 127
石英粗面岩→流紋岩
石英片岩　87
石燕　111
石筍　47, 50, 53, 54, 128
石炭　106, 160

赤鉄片岩　86, 87
石仏　37, 38
石仏山　2
石墨片岩　192
石門　55
セタカムイ［犬の神様］　183, 184
石灰華　71, 72
石灰岩　12, 47, 50, 64, 71, 88, 98, 99, 104, 111, 128, 139, 147, 163, 173, 174, 192, 195
節理　6, 7, 16-22, 49, 58, 63, 66, 100, 107, 124-126, 136, 137, 143, 144, 151, 152, 165
ゼノリス（捕獲岩）　61, 86
千畳敷（岩）　iii, 65, 69, 154, 177, 178
千枚岩　75
閃緑岩　106, 133

象岩　141, 143, 144, 191
双鶏門　42
双晶　166
曹達沸石　136
象塔岩　146
象の鼻　146, 147
草履石　28, 29
層理面　18, 86, 127
粗粒玄武岩（ドレライト）　129, 130
算盤玉石　80

た 行

太鼓岩　86
大黒岩　31, 33, 87
鯛島　109, 110
堆積岩　i, 14, 76, 124, 130, 145, 146, 151, 152, 157, 185, 198
大天狗岩　69
大仏御殿　47

大砲岩　55
大理石（晶質石灰岩）　111, 116, 117, 163
鷹ノ巣岩　111
筍　28
蛸（石）　105, 106, 167
畳石　86
立石（岩）　1, 3, 5, 177
立神岩　16-20
タチジャミ　18, 19
太郎つぶて　63
団塊（結核，コンクリーション，ノジュール）　38, 76, 82-85, 124, 125
男根石（陽石）　100-102
誕生石　82, 83
断層　71, 77, 147, 175, 191

力石　29, 58
竹葉石　132
（御）乳岩　85, 184
秩父赤壁　86
チャート　72, 151, 163, 164
超塩基性岩　18, 75, 131
長寿岩　92, 93
長石　165, 193
鎮懐石　80, 81

継石　111
月延石　81
続石　44
繋石　180, 198, 199
妻石　96

泥灰岩　68
泥岩　6-9, 31, 38, 50, 106, 107, 124-127, 151, 152, 159, 176, 197
デイサイト（石英安山岩）　5, 6, 10-12, 31, 33, 39, 68, 72, 86, 89, 94, 117, 145, 150, 152, 156, 177, 178
泥質片岩　14
天華岩　72

電気石 163
天狗 71-77
　——（の）岩（石） 33,
　　71-74, 98, 152
　——の下駄石 76
　——の硯岩 72
　——の卵 74
　——のつぶて 76
　——の爪 75
　——の握り飯 76, 77
　——の鼻汁 75
　——の腹切り石 76
　——の休み場 77
　——の欄干 77
天狗様の足跡 76
天狗ザレ 77
天の御柱天柱岩 15, 16, 177
天平石 164
天馬石 197
天満石 197
天龍岩 42

透石膏 124
頓岩（とぅんがん） 18, 20
トーナル岩 75, 106
扉岩 177
虎（が）岩（石）（虎（寅）御
　石，お寅石，虎御前石）
　　145, 161-171
虎の皮 160
虎斑（とらふ，とらぶち）（石）
　163
虎斑板石 163
虎斑大理石 163
虎マン 163
虎目（石） 161-163
トリゴニア（三角貝） 30
ドレライト（粗粒玄武岩）
　　129, 130

な 行

内帯 14, 71
中石 191

鳴石 23, 24
名付け岩 83
鳴子石 177
鳴子水石 177
なで仏 39, 40

にがこ岩 42
如来の首 41, 43

猫岩（石） 179-182
涅槃石 47
粘板岩（スレート） 68, 89,
　　133, 152

ノジュール（結核，コンクリー
　ション，団塊） 38, 76, 82-
　　85, 124, 125
能登二見（岩） 95, 96
野蒜石 157

は 行

灰地石 164
灰沸石 136
白雲岩 165
白象岩 145
白鷹 111
白鉄鉱 76
羽黒岩 75, 76
羽衣岩 177
波食台（棚）（海食台） 65, 70,
　　71
機具岩（はたごいわ） 95, 96
蜂巣岩 145
馬蹄石 192
花の窟 16, 17
離岩 35
婆石 90, 91
母子石 89, 90
蛤石（岩） 106
バーミキュライト（蛭石，ミミ
　ズ石） 105
馬鬣岩 194, 195
はんど岩 69

はんれい岩 45, 153

ひき岩（群） 108
毘沙門岩 34
飛騨帯 ii
一ツ仏 42, 43
ひねくれ地蔵 50, 51
屏風岩 iii, 33, 42, 144, 152
蛭石（バーミキュライト，ミミ
　ズ石） 105
蛭川石 102
玢岩（ひんがん） 153, 197

福の神岩 177
普賢岩（石） 48
打石（ぶずえいし） 75
二つ亀 130
斑石（ぶちいし） 132
仏足石 47
仏頭石 48
不動岩 44-46
鮒石 109
舟石（船岩） 21, 22, 69
夫振岩（ふふりいわ） 98
ブラウン鉱 163
ぶりこ石 77
プロピライト（変朽安山岩）
　　150

餅盤（ラコリス） 6
碧譚石 164
蛇石（岩）（へびいし，へびい
　わ，じゃがん） 131-136
変朽安山岩（プロピライト）
　　150
弁慶岩 177
変成岩 14, 15, 87, 131, 163,
　　192
変成作用 ii, 14
弁天岩 34, 35
ベントナイト 75
変はんれい岩 45, 46

方解石 124, 135

蓬莱山（岩）　41, 42
捕獲岩（ゼノリス）　61, 86
母岩　74, 136, 191
ポットホール（甌穴）　20, 136, 137, 144
布袋石　35
仏石　2, 38, 39
仏岩　2, 38, 39
時鳥　111
ホルンフェルス　164

ま行

マグマ　124, 125, 144
枕状溶岩　28
松島石　157
マンガン鉱床　36, 163
マンダラ岩　144
マントル　18, 131
万仏岩　40

見下し岩　35
身代わり石　169
みがわり観音　53
御手形石　62
ミミズ石（バーミキュライト、蛭石）　105
名号岩　44

百足岩（石）　107
虫喰岩　177

婦岩（雌岩）　94

夫婦岩（石）（女夫岩）　iii, 7, 13, 16, 17, 26, 33, 42, 89, 93-102, 151, 177
夫婦亀（石）　100, 119
メガネ岩　151, 152
女神岩　26
メノウ　116

文知摺石　167, 168
物見岩　35
紋石　164
文殊獅子岩　48

や行

矢置岩　67, 68
山姥の握り飯　76, 77

溶岩　ii, 1, 16-19, 26, 33-40, 63-68, 71-73, 96, 117, 118, 123-125, 135, 146, 150, 152, 164, 176-178, 186, 191, 194
溶結凝灰岩　33, 61, 86, 93, 102, 110, 145
陽石（男根石）　100-102
葉蠟石　167

ら行

ライオン岩　151, 177, 178
ラクダ岩（石）　150, 152, 154
ラクダ島　153, 154

らくだ山　153
ラコリス（餅盤）　6
藍閃石　94

竜岩（石）　102, 166, 167
竜宮城の表門　15
竜骨　137
竜神石　115
流紋岩（石英粗面岩）　5, 40-43, 58, 68, 80, 116, 145, 152, 163, 165, 173-181, 194-199
領家花崗岩　62
領家帯　14
領家変成岩　125
緑色凝灰岩（グリーンタフ）　18, 40, 96, 171, 177, 197, 200
緑色片岩　166
緑泥石　163
緑泥片岩　94

礫岩　58, 60, 82, 106, 125, 147, 187, 198
蓮華岩　42

蠟石　80
ローソク岩　6, 7

わ行

鷲岩　35

著者プロフィール

加藤碵一（かとうひろかず）

1947年横浜生まれ。
東京教育大学理学部地学科・同大学院博士課程中退、1977年東京教育大学理学博士。
1975年通商産業省地質調査所入所、国内全都道府県を訪れ、またトルコを始め40回以上の海外地質調査活動歴がある。その後、独立行政法人化した産業技術総合研究所に移し、現在はフェロー兼地質調査総合センター代表。
日本自然災害学会より「平成17年度ハザード2000国際賞」、2007年に花巻市より「宮澤賢治賞奨励賞」を授与される。また、地質の普及啓蒙に勤め、『石の俗称事典』（加藤・遠藤、愛智出版、1999）、『宇宙から見た地質―日本と世界』（共著：朝倉書店、2006）、『宮澤賢治の地的世界』（愛智出版、2006）などの出版活動やジオツーリズムの実践に努めている。

須田郡司（すだぐんじ）

イワクラ・フォトグラファー、1962年群馬生まれ。
琉球大学法文学部史学科地理学専攻卒業。
世界と日本の聖なる場所を遍歴後、石・巨石に魅せられる。2003年から2006年まで日本石巡礼を行う。地域に根差した人と関わる石をテーマに、撮影取材をしながら作品を写真展・雑誌等に発表している。2004年から石文化を伝えるため日本全国で「石の語りべ」の活動を展開中。
著書：『VOICE OF STONE―聖なる石に出会う旅』（新紀元社、1999）、『日本の巨石―イワクラの世界』（パレード出版／星雲社、2008）
須田郡司オフィシャル・ウェブサイト http://www.sudagunji.com

日本石紀行

定価はカバーに表示

2008年9月8日　初版第1刷発行

著　者　加藤碵一
　　　　須田郡司

発　行　株式会社 みみずく舎
〒169-0073
東京都新宿区百人町1-22-23 新宿ノモスビル2F
TEL：03-5330-2585　　FAX：03-5330-2587

発　売　株式会社 医学評論社
〒169-0073
東京都新宿区百人町1-22-23 新宿ノモスビル4F
TEL：03-5330-2441（代）　FAX：03-5389-6452
http://www.igakuhyoronsha.co.jp/

印刷・製本：大日本法令印刷　／　装丁：安孫子正浩

ISBN 978-4-87211-896-4　C0044

石の位置マップ（西日本）

※数字は石の写真の掲載ページを示す

- 雪鯨橋 155
- 蛇喰岩 137
- 楯築の亀石（神石）115
- 亀石 119
- 鬼の差上げ岩 57
- 岩神さん 2
- 草履石 29
- 象岩 141
- 琴弾山の石神（夫婦岩）13
- 生名島の立石 口絵
- 高山仏石 39
- 重ね石 32
- 夕日の二見が浦（夫婦岩）99
- 夫婦岩 99
- 烏帽子石 口絵
- 立神岩 17
- くじら石 158
- かえる岩 10
- 不動岩 46
- 高千穂峡 21
- 亀形石 129
- 亀跌 117
- おのころ島 ii
- 唐人石 口絵
- 鬼八の力石 59
- 雲仙地獄 12
- 鬼の洗濯板 70
- 乳岩 85
- 葬頭川の婆石 91
- 神石 15
- **仙巌園**
  - 鶴の石灯籠 123
  - 亀石 123
- **鵜戸神宮**
  - （御）乳岩 85
  - すずめ岩 112
  - 亀石 121
  - 神犬石 185
- 立神岩 19
- 立神岩（頓岩）20